Burkhard Kainka

Elektronik am PC

Visual Basic in der Praxis

Elektor-Verlag, Aachen

Umschlaggestaltung: Ton Gulikers, Segment, Beek (NL)
Grafische Gestaltung: M. Schroijen, P. Wielders
Satz und Aufmachung: Ulrich Weber, Aachen
Druck: WILCO, Amersfoort, Niederlande

Printed in the Netherlands

ISBN 3-89576-113-3
Elektor-Verlag GmbH
019005

Inhaltsverzeichnis

Vorwort

Grundlage für dieses Buch war der Kurs „Elektronik am PC“ aus Elektor 9/2000 bis 3/2001. Dort sollten vor allem Neueinsteiger Informationen, Hilfen und praktische Experimentiervorschläge erhalten, die nötig sind, um einen ersten Überblick sowohl über die Elektronik als auch über Möglichkeiten der einfachen Windows-Programmierung zu bekommen. Der Kurs war bewusst einfach gehalten und verzichtete auf übermäßig komplizierte Schaltungen und Programme.

Im Laufe des Kurses wurden einfache Versuche entwickelt, die praktische Anwendungen vom Blinklicht bis zum Messgerät zum Ziel hatten. Am Ende blieben jedoch viele Anwendungen übrig, die den Rahmen einer Artikelserie gesprengt hätten, die aber unbedingt noch zum Thema gehörten. Themen wie Logikanalysatoren an der seriellen Schnittstelle, Infrarot-Fernbedienungen und serielle Datenkommunikation sind mit ebenso geringem Aufwand zu realisieren und erlauben zahlreiche weitere Experimente. Außerdem wird hier noch tiefer auf die Geheimnisse der seriellen Interface-Technik eingegangen.

Immer wieder gab es Fragen, was denn eigentlich im Innersten einer DLL zur Ansteuerung der seriellen Schnittstelle abläuft. Hier wurde die Gelegenheit ergriffen, auch diese unterste Ebene der Windows-Programmierung zu behandeln. Der Leser wird damit unabhängig von einer vorgefertigten DLL, kann Teile in eigene Programme übernehmen oder eine DLL mit neuen Eigenschaften entwickeln. Das Buch geht hier weit über den ursprünglichen Kurs hinaus. Es wird systematisch versucht, die Möglichkeiten und die Grenzen der Programmierung mit Visual Basic zu ergründen. Das bedeutet jedoch nicht, dass besonders hohe Voraussetzungen an die Vorkenntnisse der Leser gestellt werden. Vieles kann mit wenig Aufwand erarbeitet werden, indem man von den vorhandenen Beispielen ausgeht, sie ausprobiert und nach eigenen Vorstellungen verändert.

Burkhard Kainka
http://home.t-online.de/home/B.Kainka

1. Einleitung

Wer hatte nicht schon einmal die Idee, etwas mit dem PC zu automatisieren oder zu überwachen? Elektronikversuche mit dem PC brauchen nicht aufwendig und teuer zu sein. Oft reicht die direkte Verwendung der vorhandenen PC-Schnittstellen. In diesem Buch sollen Versuche an der seriellen Schnittstelle vorgestellt werden. Alle Beispiele werden mit einfachen Programmen in Visual Basic durchgeführt.
Mancher wird sich fragen: Warum gerade die serielle Schnittstelle, die doch komplizierter ist und weniger Leitungen hat als die Druckerschnittstelle. Für diese Entscheidung gibt es mehrere Gründe:

- Die serielle Schnittstelle ist sehr sicher gegen versehentliche Beschädigung. Stecker dürfen im laufenden Betrieb verbunden werden, ohne den PC zu gefährden.
- Meist ist eine serielle Schnittstelle noch frei und kann für Experimente eingesetzt werden.
- Die serielle Schnittstelle selbst liefert genügend Strom für zahlreiche Versuche, sodass man ohne ein zusätzliches Netzteil auskommt.

Das Buch und die darin vorgeschlagenen Versuche stellen äußerst geringe Anforderungen an den Geldbeutel. Denn außer einer kleinen Anschlussplatine braucht man nur ein paar Bauteile aus der Bastelkiste wie z.B. Tastschalter, NPN-Transistoren, Widerstände, LEDs, Elkos, Dioden und einen LDR-Sensor. Die Anschlussplatine stellt alle Anschlüsse der seriellen Schnittstelle an Steckbuchsen zur Verfügung. Außerdem hat man ein kleines Experimentierfeld zum Aufbau von Versuchsschaltungen. Der Lötkolben bleibt kalt, denn alle Bauteile werden einfach gesteckt.

Alle Versuche werden in Visual Basic 5 programmiert. Die Programme sollen auch für Anfänger erläutert werden, damit jeder seine eigene Ideen leicht umsetzen kann. In den letzten Kapiteln sollen auch komplexere Themen wie z.B. zeitkritische Steuerungen oder die Kopplung mit externer Elektronik vorgestellt werden. Der Leser wird auch mit viel angewandter Messtechnik konfrontiert.

Zusätzlich zu den eigentlichen Anwendungen geht das Buch näher auf die Windows-Programmierung ein. Es wird gezeigt, wie einige API-Aufrufe direkt mit Visual Basic ausgeführt werden können. Außerdem wird hier eine neue DLL zur seriellen Schnittstelle in Delphi 4 entwickelt und im Quelltext vorgestellt. Der Leser erhält die Informationen, die nötig sind, um eine eigene DLL mit selbst definierten Funktionen zu schreiben.

2. Hardware und Versuchsmaterial

Es ist nicht sehr praktisch, für jeden neuen Versuch eine eigene Platine herzustellen. Deshalb soll hier eine möglichst universelle Experimentierplatine verwendet werden, die schnelle Versuche und unkomplizierte Änderungen ermöglicht. Alle Schaltungen können einfach gesteckt werden. Alle Anschlüsse der seriellen Schnittstelle sind an Anschlussbuchsen zugänglich. Außerdem gibt es ein kleines Steckfeld mit fünf Bereichen zu je vier Steckbuchsen. Hier können zusätzliche Bauteile aufgesteckt werden.

Die Platine enthält gedrehte Stecksockel, wie sie für IC-Fassungen verwendet werden. Es werden vier 10-polige Buchsenleisten im Raster 2,54 mm benötigt. Auf die Platine passen auch zwei 20-polige IC-Fassungen. Es sollen aber unbedingt die etwas teureren gedrehten Federkontake verwendet werden, weil einfache IC-Fassungen vor allem bei der Verwendung unterschiedlicher Drahtstärken der Bauteile sehr schnell ausleiern und Kontaktprobleme verursachen.

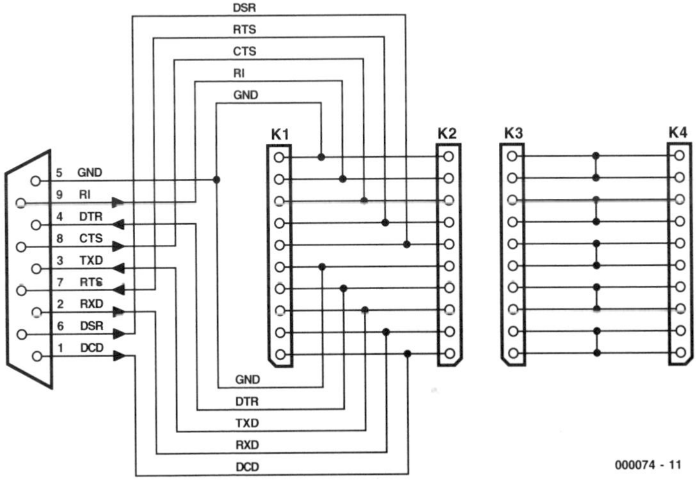

Abbildung 2.1: *Die Schaltung der Experimentierplatine.*

Die Platine unter der Bestellnummer 000074-1 kann fertig von Elektor bezogen werden, oder man kann sie sich nach dem Layout selbst herstellen, das auf der Elektor-Homepage und auch auf dieser CD im PDF-Format vorhanden ist. Die Elektor-Platine ist kompatibel zur Platine aus dem ELEXS-System von Modul-Bus, die ebenfalls eingesetzt werden kann. Eine dritte Möglichkeit besteht darin, sich eine eigene Experimentierplatine aus einem Stück Lochrasterplatine herzustellen. Abb. 2.1 zeigt die Schaltung der Platine und ihre Anschlüsse.

Abbildung 2.2: Die fertige aufgebaute Platine.

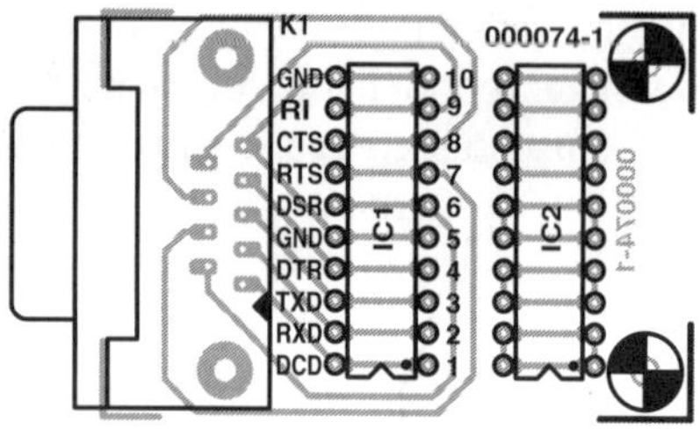

Abbildung 2.3: Layout und Bestückungsplan.

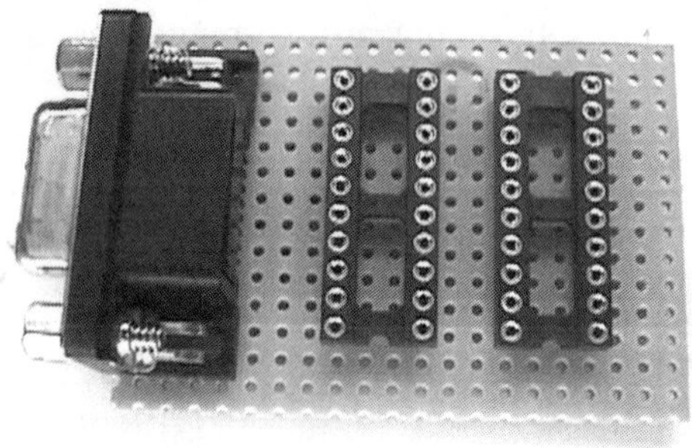

Abbildung 2.4: Eine Eigenbau-Platine von der Bestückungeseite.

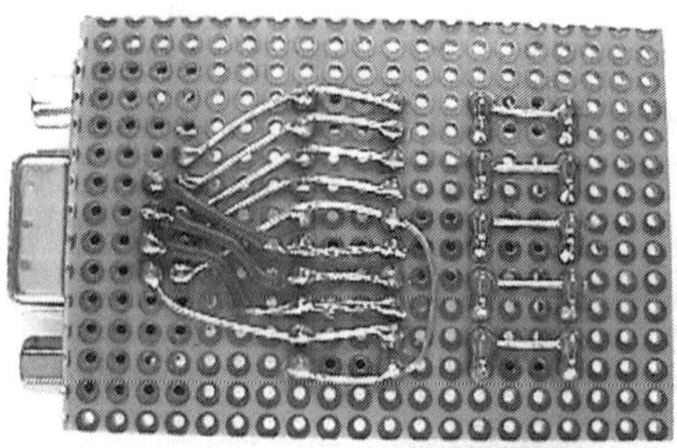

Abbildung 2.5: Die Lötseite der selbst aufgebauten Platine.

Die folgende Tabelle zeigt alle Leitungen mit den Pinbelegungen bei 25-poligen und 9-poligen Steckern. Die Stecker an der PC-Seite sind immer mit Stiften ausgerüstet, sodass der Anschluss nach Abb. 2.1 über Buchsen erfolgen muss. Für die hier eingesetzte Platine verwendet man ein 9-poliges Verlängerungskabel. Falls der PC über eine 25-poligen Anschluss verfügt, setzt man einen entsprechenden Adapter ein.

Pin 25pol.	Pin 9pol.	Ein-/ Ausgang	Bezeichnung	Funktion
2	3	Aus	TxD (Transmit Data)	Sendedaten
3	2	Ein	RxD (Receive Data)	Empfangsdaten
4	7	Aus	RTS (Request To Send)	Sendeteil einschalten
5	8	Ein	CTS (Clear To Send)	Sendebereitschaft
6	6	Ein	DSR (Data Set Ready)	Betriebsbereitschaft
7	5		GND (Ground)	Betriebserde
8	1	Ein	DCD (Data Carrier Detect)	Empfangssignalpegel
20	4	Aus	DTR (Data Terminal Ready)	Endgerät bereit
22	9	Ein	RI (Ring Indicator)	Ankommender Ruf

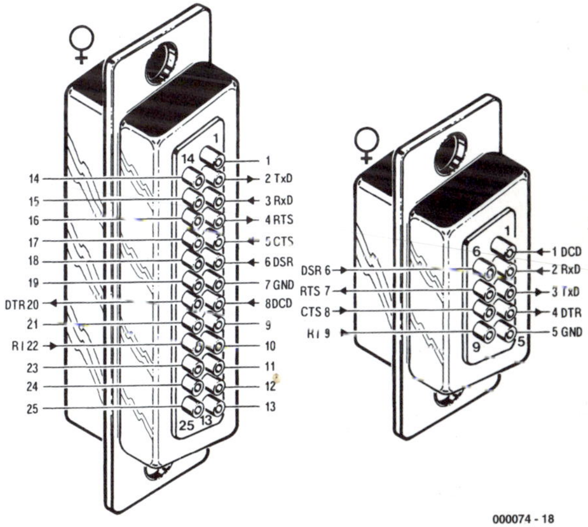

Abbildung 2.6: 25poliger und 9poliger Anschluß, von der Lötseite her gesehen.

Der eigentliche Datenaustausch über die serielle Schnittstelle erfolgt im Normalfall über die serielle Sendeleitung TxD und die serielle Empfangsleitung RxD. Alle übrigen Leitungen haben Hilfsfunktionen beim Aufbau und bei der Steuerung der Datenübertragung. Man bezeichnet sie üblicherweise als „Handshakeleitungen“, weil sie für Quittierungsverfahren zwischen Geräten verwendet werden. Der besondere Vorteil der Handshakeleitungen ist, dass ihr Zustand direkt gesetzt oder gelesen werden kann.

Die Pinbelegung auf der Platine folgt der Nummerierung des 9-poligen Sub-D-Steckers. Jede Leitung hat zwei Steckbuchsen. Nur GND hat insgesamt vier Anschlüsse. Das kleine Experimentierfeld auf der Platine hat fünf Felder mit jeweils vier verbundenen Buchsen.

3. Visual Basic Grundlagen

Für die Arbeit mit dem Buch benötigt man Visual Basic in der Version 5 oder 6. Alle Quelltexte sind im VB5-Format auf der CD vorhanden. Sie können ohne Änderungen auch mit VB6 geladen und compiliert werden. Wenn jemand noch kein Visual Basic besitzt und die Kosten scheut, kann er eine kostenlose Version von VB5 bei Microsoft bekommen. Die „Visual Basic Control Creation" VB5CCE ist im Internet auf der Microsoft-Homepage zu bekommen. Sie befindet sich aber auch auf der CD zu diesem Buch.

3.1 Die VB-Enwicklungsumgebung

Viele, die zum ersten Mal mit Visual Basic zu tun haben, empfinden den Umgang mit dem System zunächst als verwirrend. Alles ist ganz anders, als man es vielleicht von älteren Programmiersprachen wie Basic oder Pascal gewohnt war. Nach einer kurzen Eingewöhnung ist Visual Basic jedoch ein ganz besonders einfach zu bedienendes Werkzeug. In kürzester Zeit werden eigene Ideen umgesetzt. Was früher Tage gedauert hat, geht nun in Stunden. Die Sprache eignet sich besonders auch für solche Anwender, die niemals zuvor eine andere Programmiersprache verwendet haben. Gerade für absolute Einsteiger in die Programmierung ist dies das richtige Werkzeug.

Hier sollen die ersten Schritte mit der freien Version VB5CCE beschrieben werden. Der Umgang mit der Nachfolgeversion VB6 ist sehr ähnlich. Nach der Installation von VB5CCE auf der Festplatte erscheint im Programm-Manager die Gruppe Visual Basic 5.0 CCE und darin das gleichnamige Programm. Nach den Start erscheint ein Dialog zur Auswahl des gewünschten Programm-Typs. Dort wird z.B. der Typ ActiveX Control angeboten, ein „normales" Programm wird jedoch durch den Typ „Standard EXE" dargestellt. Alle Programme in diesem Buch gehören zu diesem Typ. Nun hat man die Möglichkeit, ein neues Projekt zu beginnen oder ein existierendes zu laden.

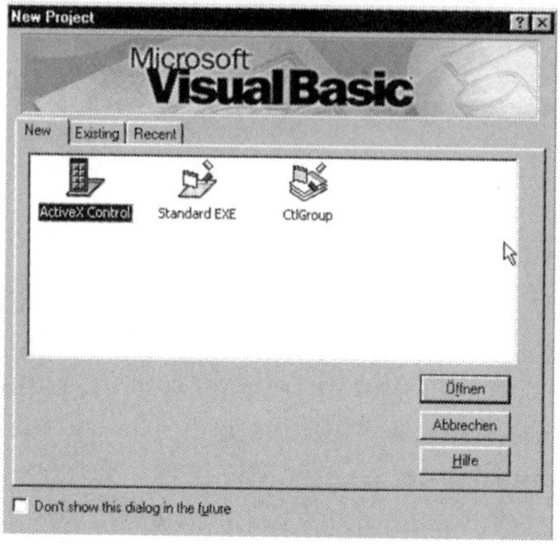

Abbildung 3.1: *Der Start-Dialog.*

Als erste Übung soll hier ein neues Projekt begonnen werden. Ein Doppelklick auf „Standard EXE“ auf der Registerkarte „New“ öffnet das Projekt. Es erscheint die Entwicklungsumgebung mit einem vorbereiteten Programmfenster mit der Bezeichnung Form1. Zu diesem Form gehören zahlreiche Eigenschaften, die man im Fenster „Properties Form1“ sehen kann. Die Eigenschaft Caption bezieht sich auf den in der Anwendungsleiste am oberen Rand des Forms angezeigten Programmnamen. Er soll nun in „Test1“ geändert werden.

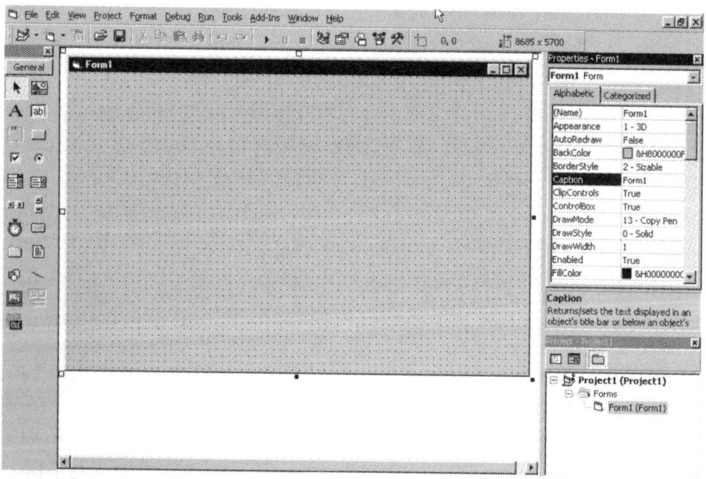

Abbildung 3.2: *Die Programmierumgebung von VB.*

Als nächstes soll aus der linken Werkzeug-Leiste ein Control-Element eingefügt werden. Für ein erstes sinnvolles Beispiel wird hier das Element TextBox gewählt. Es wird mit einem Mausklick aktiviert und dann im Programmfenster in der gewünschten Größe aufgezogen. Zur TextBox gehört die Eigenschaft Text, die hier mit „Text1" vorbelegt ist. Dieser Text wird gelöscht, sodass das Textfenster nun leer ist.

Das erste einfache Programm ist nun fertig, ohne dass eine einzige Zeile Programmtext geschrieben wurde. Es kann auf drei verschiedene Arten gestartet werden: Mit Run-Start, mit der Taste F5, oder mit Start-Symbol. Nach dem Start erscheint ein vollständiges kleines Windows-Programm mit allen grundlegenden Funktionalitäten. Man kann einen Text in das Textfenster eingeben, ihn in die Zwischenablage kopieren und in anderen Programmen verwenden, man kann das Programmfenster vergrößern, verkleinern und schließen.

Abbildung 3.3: *Das laufende Testprogramm.*

Einen Nachteil hat das Programm noch: Obwohl genügend Platz vorhanden ist, kann man nicht mehr als eine Zeile schreiben. Ähnliche kleine Enttäuschungen werden noch oft vorkommen. Immer wenn ein Element des Programms sich nicht so verhält, wie man es möchte, wird man auf die Suche gehen, ob es da nicht noch eine Eigenschaft gibt, die man verändern kann, um das gewünschte Verhalten zu erzielen. Also wird das Programm beendet und in der Entwicklungsumgebung nachgesehen. Und tatsächlich, in diesem Fall gibt es die Eigenschaft MultiLine, die auf den Wert False voreingestellt ist. Ändert man diese Einstellung in True, dann können mehrere Zeilen eingegeben werden.

Bei dieser Gelegenheit soll noch ein zweites Control-Element eingefüht werden, nämlich eine Schaltfläche (CommandButton). Visual Basic nennt den ersten eingefügten Knopf Command1. Die voreingestellte Beschriftung (Caption) „Command1" wird in „New" geändert, dieser Knopf soll dazu dienen, den Text im Textfenster zu löschen.
Hier muss nun zum ersten Mal etwas Programmtext eingegeben werden. Ein Doppelklick auf den CommandButton öffnet den Texteditor. Es erscheint ein Programmgerüst für eine Prozedur (Sub), die durch ein be-

stimmtes Ereignis aufgerufen wird, nämlich immer dann, wenn jemand auf diesen Knopf klickt.

```
Private Sub Command1_Click()

End Sub
```

Listing 3.1:
Der leere Prozedur-Rahmen

Hier kann nun ein eigener Programmtext eingegeben werden. Das Ziel war ja, den Inhalt des Textfensters Text1 zu löschen. Man muss also auf ein anderes Control-Element zugreifen und eine seiner Eigenschaften ändern. Die gesuchte Eigenschaft ist schon bekannt und heißt Text. Man muss aber auch noch sagen, welchen Text man meint und schreibt deshalb Text1.Text. Dieser Eigenschaft wird einfach ein neuer, leerer Text zugewiesen. Damit ist das Textfenster wieder frei.

```
Private Sub Command1_Click()
  Text1.Text = ""
End Sub
```

Listing 3.2:
Die Prozedur Command_Click

Effektiv hat man also nur eine einzige Textzeile eingegeben, um ein vollständiges Windows-Programm zu erzeugen. Wenn man dieses Programm nun startet, stellt man fest, dass alles wie geplant funktioniert. Man kann also nun mehrere Zeilen eingeben und den gesamten Text löschen.

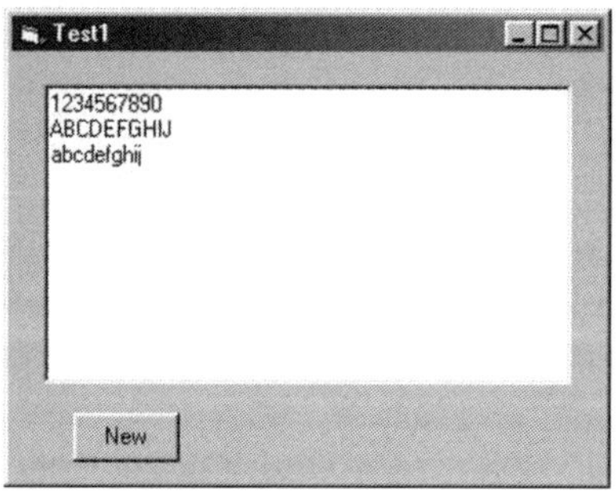

Abbildung 3.4:
Das veränderte Programm.

Nach dem Test wird das Programm in der Entwicklungsumgebung gespeichert. Es müssen zwei Dateinamen gewählt werden. Das Form wird in Test1.frm umbenannt, das Projekt in Test1.vbp. Im Projektfenster kann man die neuen Namen sehen.
Die gespeicherten Dateien haben jeweils eine Größe von weniger als einem Kilobyte. Das ist erstaunlich, wenn man die Leistungsfähigkeit des

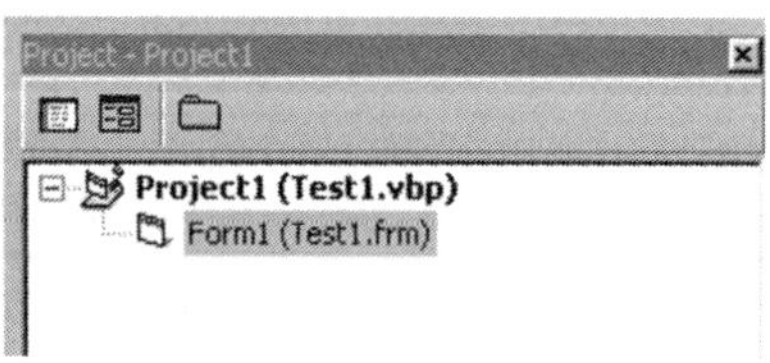

Abbildung 3.5: *Die neuen Dateinamen nach dem Speichern.*

kleinen Programms betrachtet. Tatsächlich steckt die Leistung jedoch im Interpreter des Systems. Wenn man eine Vollversion von Visual Basic hat, kann man das Programm zu einem autonom lauffähigen EXE-Programm kompilieren. Auch dieses Programm ist noch relativ klein, benötigt aber das Runtime-System von Visual Basic in Form relativ großer Dateien, die allerdings nur einmal auf einem PC vorhanden sein müssen.
Man kann die Programmdateien mit einem einfachen Texteditor ansehen. In der Form-Datei findet man alle Einträge, die für das Programmfenster und die einzelnen Steuerelemente gelten. Ganz am Ende steht auch der selbst eingegebene Programmtext.

```
VERSION 5.00
Begin VB.Form Form1
    Caption          =   "Test1"
    ClientHeight     =   3270
    ClientLeft       =   60
    ClientTop        =   345
    ClientWidth      =   4710
    LinkTopic        =   "Form1"
    ScaleHeight      =   3270
    ScaleWidth       =   4710
    StartUpPosition =   3  'Windows Default
    Begin VB.CommandButton Command1
       Caption          =   "New"
       Height           =   375
       Left             =   480
       TabIndex         =   1
       Top              =   2760
       Width            =   855
   End
   Begin VB.TextBox Text1
       Height           =   2295
       Left             =   240
       MultiLine        =   -1  'True
       TabIndex         =   0
       Top              =   240
       Width            =   4215
   End
End
Attribute VB_Name = "Form1"
Attribute VB_GlobalNameSpace = False
Attribute VB_Creatable = False
Attribute VB_PredeclaredId = True
Attribute VB_Exposed = False
Private Sub Command1_Click()
  Text1.Text = ""
End Sub
```

Listing 3.3: Der Text der Datei Test1.frm

Ein Projekt kann aus mehreren Dateien bestehen. Die meisten der in diesem Buch verwendeten Projekte verwenden auch noch jeweils ein sog. Modul mit der Dateiendung .BAS. Wenn man ein fertiges Programm laden will, muss man immer die Projektdatei mit der Endung .VBP wählen. Darin ist dann vermerkt, welche weiteren Dateien zum Projekt gehören.

Für die praktische Arbeit mit diesem Buch sollte man sich einen Dateiordner anlegen, in den man alle gewünschten Programmverzeichnisse aus der CD kopiert. Bei der Arbeit mit den Programmen wird man diese nach eigenen Wünschen verändern und erweitern. Wenn dabei einmal etwas ganz falsch läuft und man den Weg zurück nicht mehr findet, kann man sich das Programm ja neu von der CD laden.

Für schnelle Versuche, bei denen es mehr um die Hardware geht, wurden auch kompilierte EXE-Programme auf die CD gebrannt. Alle EXE-Programme wurden mit VB6 übersetzt. Die entsprechenden Runtime-Dateien liegen vor.

Bei der Eingabe von Programmtext bietet Visual Basic umfangreiche Hilfen. Alle VB-Schlüsselworte werden farblich gekennzeichnet und in einer bestimmten Groß/Kleinschreibung dargestellt. Man gibt z.B. die folgende Zeile in Kleinschreibung ein:

```
for n=1 to 100
```

Visual Basic prüft sofort die Syntax und ändert die Schreibweise in:

```
For n = 1 To 100
```

Man kann nun ein Schlüsselwort mit der Maus markieren und über die Taste F1 das Hilfesystem aufrufen. Nun erhält man eine genaue Beschreibung der Syntax und oft auch ein Anwendungsbeispiel.

Bei der Verwendung von Control-Elementen erhält man eine sinnvolle Hilfe zu den verfügbaren Eigenschaften. Wenn man ein Textfeld mit dem Namen Text1 eingefügt hat und dieses nun im Programm verwenden will, dann tippt man einfach „Text1.“.

Sobald der Punkt eingegeben wurde, öffnet sich ein Hilfefenster mit den verfügbaren Eigenschaften. Man muss sie also nicht auswendig kennen, sondern kann die gewünschte Eigenschaft durch einen Doppelklick einfügen und die Zeile dann vervollständigen.

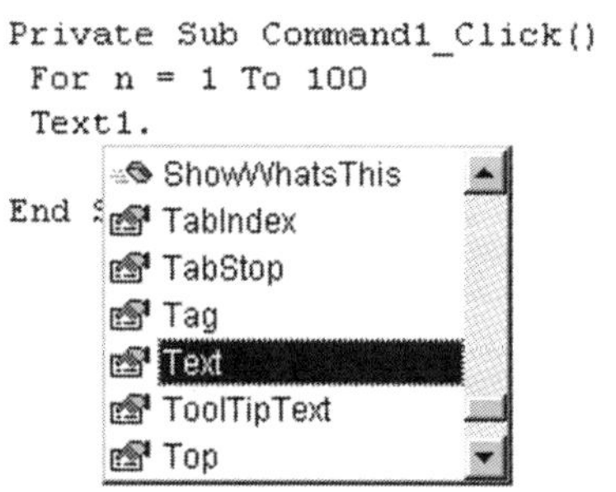

Abbildung 3.6: *Hilfe zu den Eigenschaften eines Control-Elements.*

```
Text1.Text = „OK"
```

Die Fehlersuche in eigenen Programmen kann manche Stunde kosten. Besonders schwer sind Fehler zu finden, die durch kleine, kaum sichtbare Tippfehler entstehen. In vielen Programmbeispielen in diesem Buch werden vorbereitete Funktionen und Prozeduren aus eingefügten Basic-Modulen verwendet. Im Fall von Funktionsnamen, die aus einer DLL (= Windows-Funktionsbibliothek) stammen, ist die Groß-/Kleinschreibung entscheidend. Die entsprechenden Module berücksichtigen dies. Eine oft verwendete DLL-Prozedur ist DELAY zur Erzeugung von Wartezeiten in Millisekunden. Beim Eintippen kann man zunächst die Kleinschreibung verwenden. Sobald man ein Leerzeichen hinter dem vordefinierten Schlüsselwort eingegeben hat, gibt Visual Basic eine Hilfe zur korrekten Schreibweise und zu den eventuell zu übergebenden Parametern. Nach der vollständigen Eingabe der gesamten Zeile wird „delay" automatisch in Großschreibung umgeändert. Nun ist man sicher, dass hier kein Tippfehler vorlag.

Abbildung 3.7: Hilfe zu vordefinierten Prozeduren und Funktionen.

Bei der Programmierarbeit sollte man sich angewöhnen, ein Programm vor jedem Test zu speichern. Falls dann ein ernster Fehler auftritt und es zu einem Absturz kommt, kann es in ganz schlimmen Fällen nötig werden, das laufende Programm mit Alt-Strg-Enf abzubrechen. In diesem Fall wird auch Visual Basic beendet. Wenn vorher das eigene Programm gespeichert wurde, kann man Visual Basic neu starten und das Programm neu laden, um nach dem Fehler zu suchen.

Programmfehler können dazu führen, dass ein Programm in einer Programmschleife festhängt und den ordnungsgemäßen Abbruch verhindert. In diesen Fällen hilft oft die Tastenkombination Strg-Pause. Damit wird das laufende Programm zwangsweise unterbrochen, ohne Visual Basic zu beenden.

3.2 Ansteuerung der seriellen Schnittstelle

Und nun endlich zu einem ersten Programm zur Steuerung der Hardware. Das vorbereitete Projekt IOtest.vbp kann direkt in Visual Basic geladen werden. Es handelt sich um ein einfaches Testprogramm für den direkten Zugriff auf alle Leitungen (außer RxD). Drei Ausgänge können durch Anklicken umgeschaltet werden, vier Eingänge werden gelesen und angezeigt. Das Programm ist für die Schnittstelle COM2 voreingestellt. Es erkennt aber, wenn COM2 belegt ist und versucht dann selbst den Zugriff auf COM1. Hier wird davon ausgegangen, dass an den meisten PCs die Maus an COM1 angeschlossen ist und COM2 noch frei ist. Oft sind aber die Anschlüsse am PC nicht ordentlich beschriftet. Dann kann dieses Programm helfen, die COM-Schnittstelle zu identifizieren. Wer zwei COM-Schnittstellen frei hat, kann wahlweise COM1 oder COM2 verwenden.

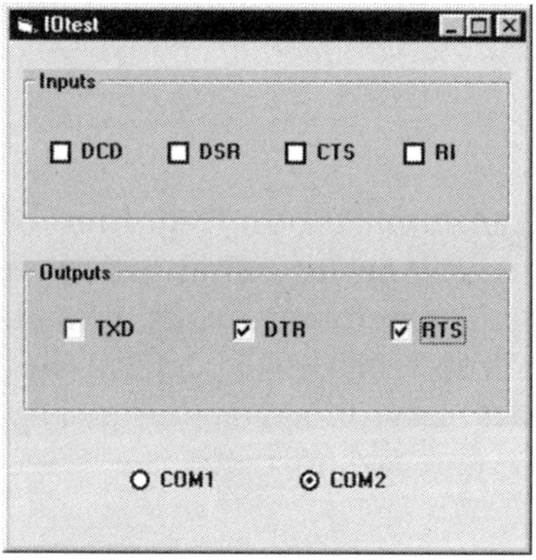

Abbildung 3.8: Direkter Zugriff auf die Leitungen der RS232.

Insgesamt drei Leitungen können direkt an- und ausgeschaltet werden. Was ist nun „AN", was ist „AUS"? Wenn man ein Voltmeter zwischen DTR und GND (Masse) anschließt, stellt man folgendes fest: „AN" liefert eine positive Spannung von ca. 10 V, „Aus" liefert eine Spannung von ca. -10V gegen GND. Nun kann man mit einem Draht z.B. den Ausgang DTR mit dem Eingang DSR verbinden. Sobald DTR eingeschaltet wird, meldet nun auch der Eingang DSR „AN". Eine erste praktische Anwendung ist die Abfrage eines Schalters.

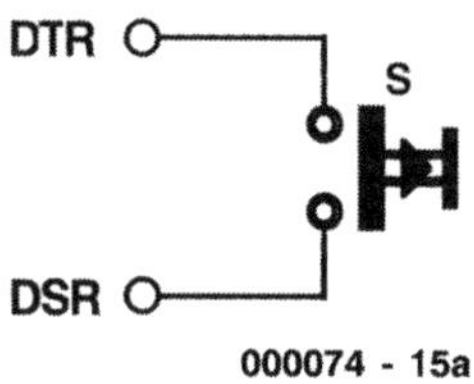

Abbildung 3.9: Anschluss eines Schalters.

Damit der Schalterzustand erkannt werden kann, muss die Leitung DTR eingeschaltet sein. Nun hat man bereits eine fertige PC-Anwendung. Der Schalter kann ja an einer beliebigen entfernten Stelle angebracht sein und eine Information an den PC übertragen. Was

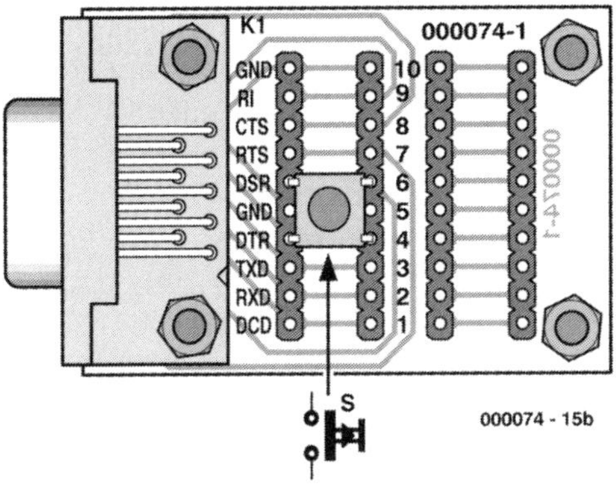

Abbildung 3.10: Aufbau des Versuchs auf der Experimentierplatine.

das sein soll, kann der Anwender entscheiden. Vielleicht möchte jemand überwachen, ob die Mausefalle im Keller ausgelöst wurde.

Noch eine kleine Anwendung soll die ersten Versuche abrunden. Hier wird eine Leuchtdiode direkt angeschlossen und vom PC aus eingeschaltet. Mancher Leser mag jetzt laut protestieren, denn eine LED soll man ja niemals ohne Vorwiderstand anschließen. Hier geht es aber doch, denn der Vorwiderstand ist sozusagen im PC schon eingebaut.

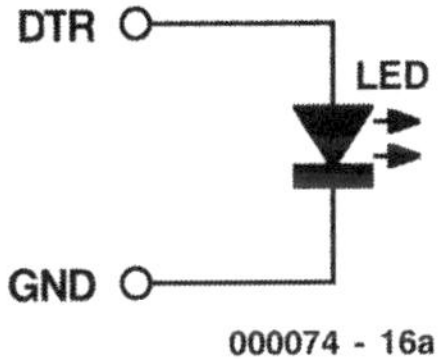

Abbildung 3.11: Anschluss einer LED.

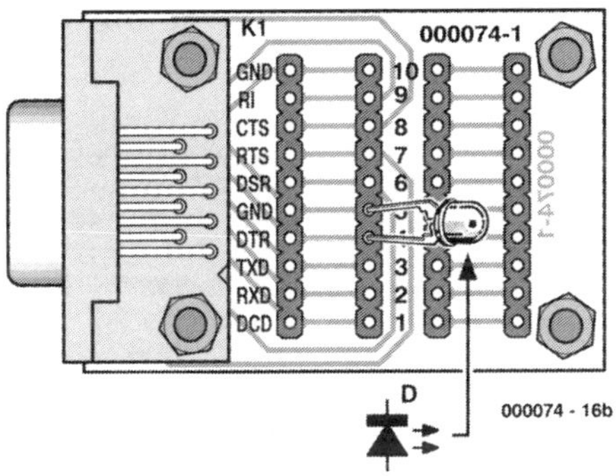

Abbildung 3.12: Aufbau auf der Experimentierplatine.

Und noch ein Protest ist zu hören: In den Datenblättern ist die zulässige Sperrspannung von LEDs meist mit 3 V oder 5 V angegeben. In dieser Schaltung können aber Sperrspannungen bis über 10 V auftreten. Nach allen Erfahrungen ist das jedoch nicht schädlich. Man kann für die meisten LEDs sogar bei einer Sperrspannung von 20 V noch keine Sperrströme messen. Trotzdem sollte man wohl auch die „saubere" Lösung nennen. Eine zusätzliche Si-Diode reicht, um die LED vor hohen Sperrspannungen zu schützen. Die Diode kann entweder anti-parallel oder in Reihe angeschlossen werden. Als Faustregel kann man sich merken: Für ernsthafte Entwicklungen sollte man die Sperrspannung auf unter 5 V begrenzen, für einfache Versuche darf es auch mal etwas mehr sein.

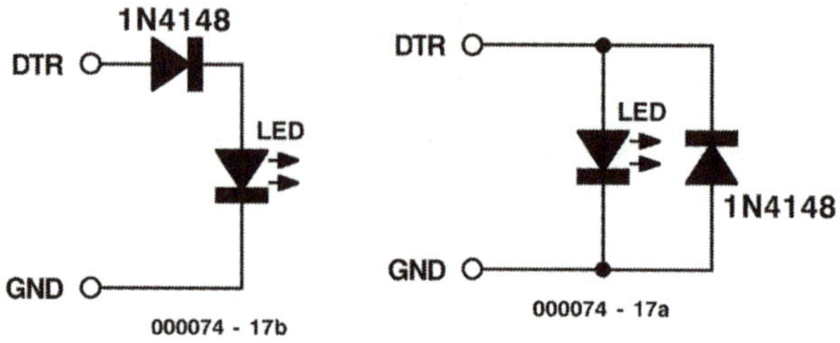

Abbildung 3.13: *Schutz vor zu hohen Sperrspannungen.*

Bisher wurde das Programm IOtest als fertiges Programm vorgestellt. Die meisten Leser wird es interessieren, wie hier auf die Schnittstelle zugegriffen wird. Als Bindeglied zwischen Visual Basic und der Schnittstelle wird die PORT.DLL von H.-J.Berndt aus dem Elektor-Buch „PC-Schnittstellen unter Windows“ (vgl. [3]) verwendet. In Visual Basic müssen die verwendeten Prozeduren und Funktionen der DLL mit dem Declare-Befehl angegeben werden. Dies muss in einem externen Modul geschehen, das hier PORTS.BAS heißt.

```
Declare Function OPENCOM Lib "Port" (ByVal A$) As Integer
Declare Sub CLOSECOM Lib "Port" ()
Declare Sub SENDBYTE Lib "Port" (ByVal b%)
Declare Function READBYTE Lib "Port" () As Integer
Declare Sub DTR Lib "Port" (ByVal b%)
Declare Sub RTS Lib "Port" (ByVal b%)
Declare Sub TXD Lib "Port" (ByVal b%)
Declare Function CTS Lib "Port" () As Integer
Declare Function DSR Lib "Port" () As Integer
Declare Function RI Lib "Port" () As Integer
Declare Function DCD Lib "Port" () As Integer
Declare Sub DELAY Lib "Port" (ByVal b%)
Declare Sub TIMEINIT Lib "Port" ()
Declare Sub TIMEINITUS Lib "Port" ()
Declare Function TIMEREAD Lib "Port" () As Long
Declare Function TIMEREADUS Lib "Port" () As Long
Declare Sub DELAYUS Lib "Port" (ByVal l As Long)
Declare Sub REALTIME Lib "Port" (ByVal i As Boolean)
```

Listing 3.4: *Die Deklarationen zur PORT.DLL.*

Der schon erfahrene Visual Basic Anwender erkennt gleich die wichtigsten Funktionen. OPENCOM öffnet die Schnittstelle und meldet sie damit unter Windows für das eigene Programm an. SENDBYTE und READBYTE sind für die normale serielle Kommunikation zuständig, die aber hier zunächst nicht im Mittelpunkt steht. Wichtiger sind die Prozeduren DTR, RTS und TXD zur Steuerung der Ausgangsleitungen sowie die Funktionen CTS, DSR, RI und DCD zum direkten Lesen von Eingangszuständen an den gleichnamigen Leitungen. Mancher vermisst hier vielleicht die Eingangsleitung RxD. Sie kann leider nicht direkt gelesen werden, sondern wird nur zum Empfang eines seriellen Signals verwendet. Aus der DLL werden noch einige Funktionen zur Zeitmessung deklariert, die in den Folgenden Folgen verwendet werden. Insgesamt enthält die DLL noch viele andere Funktionen zu weiteren Schnittstellen (Parallelport, Joystick, Sound und Video), die im angegebenen Buch angewandt werden.

```
Private Sub Form_Load()
 i = OPENCOM("COM2,1200,N,8,1")
 If i = 0 Then
    i = OPENCOM("COM1,1200,N,8,1")
    Option1.Value = True
 End If
 If i = 0 Then MsgBox ("COM Interface Error")
 TXD 1
 RTS 1
 DTR 1
 TIMEINIT
 End Sub

 Private Sub Form_Unload(Cancel As Integer)
  CLOSECOM
 End Sub

Private Sub Option1_Click()
 i = OPENCOM("COM1,1200,N,8,1")
 If i = 0 Then MsgBox ("COM1 not available")
 TXD 1
 RTS 1
 DTR 1
 End Sub

Private Sub Option2_Click()
 i = OPENCOM("COM2,1200,N,8,1")
 If i = 0 Then MsgBox ("COM2 not available")
 TXD 1
 RTS 1
 DTR 1
 End Sub
```

```
Private Sub Timer1_Timer()
   Check1.Value = CTS()
   Check2.Value = DSR()
   Check3.Value = DCD()
   Check4.Value = RI()
   If Check5.Value Then TXD 1 Else TXD 0
   If Check6.Value Then DTR 1 Else DTR 0
   If Check7.Value Then RTS 1 Else RTS 0
End Sub
```

Listing 3.5: Das Anwenderprogramm IOtest (IOtest.vbp).

Der eigentliche Kern des Programms ist die Timer-Prozedur Timer1_Timer, die in einem voreingestellten Intervall automatisch aufgerufen wird. Hier werden die Check-Boxen 1 bis 4 aktiviert, also mit einem Häkchen versehen, wenn die zugehörige Eingangsleitung „angeschaltet" ist. Umgekehrt werden die drei Ausgangsleitungen eingeschaltet, wenn die zugehörigen Checkboxen vom Anwender aktiviert wurden.
Alle übrigen Teile des Programms dienen nur dem Öffnen der Schnittstelle und der Auswahl einer Schnittstelle. Diese Teile werden weiter unten noch genauer betrachtet. Man erkennt, dass die Schnittstelle mit 1200 Baud, ohne Paritätsbit, mit acht Datenbits und einem Stoppbit initialisiert wird. Diese Parameter sind jedoch für das hier vorgestellte Programm völlig unwichtig. Windows denkt zwar, da möchte jemand mit 1200 Baud auf ein Gerät wie z.B. ein Modem zugreifen. In Wirklichkeit aber wird die Schnittstelle ganz anders verwendet, indem nämlich statt einer seriellen Kommunikation die Leitungen direkt gesteuert und gelesen werden.

3.3 Eine Ampelsteuerung

Wer zum ersten Mal eine Aufgabe mit Visual Basic lösen will, der sollte sich eine überschaubare Aufgabe wählen. Als erstes soll hier eine kleine Modellampel mit drei LEDs gebaut werden.

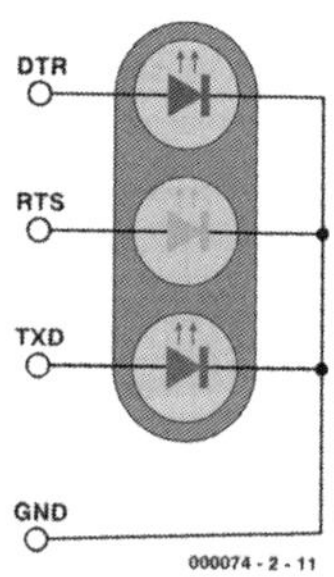

Abbildung 3.14: Ein Ampelmodell.

Dieses Beispiel ist geeignet, einige weitere Techniken eines Visual-Basic-Programms vorzustellen. Man beginnt immer mit einem neuen, leeren Formular. In dieses werden mit der Maus aus der Werkzeugleiste die einzelnen grafischen Steuerelemente gezogen. Man kann sie in der Größe verändern und beliebig platzieren. Jedes Element verfügt über eine ganze Reihe von Eigenschaften, die eingestellt werden müssen. Dazu gehören Größen, Farben, Texte und anderes. Alle Eigenschaften, die man noch nicht kennt, lässt man einfach unverändert. Hier gibt es die folgenden Elemente:

- Zwei Labels, denen die Eigenschaft (der Text) Caption = „fast“ bzw. „slow“ zugewiesen wurde; wer möchte kann auch „schnell“ und „langsam“ verwenden.
- Ein horizontaler Schieberegler (HScrollBar) mit den Eigenschaften Min = 50, Max = 500 und Position = 100
- Ein Zeitgeber (Timer) mit der Eigenschaft Interval = 100, also 100 ms
- Zwei Option Buttons mit den Beschriftungen Caption = „COM1“ bzw. „COM2“, der Knopf für COM2 ist „true“
- Das Formular selbst erhält die Eigenschaft Caption = „Traffic Light“

Zum Projekt gehört auch noch die Datei Ports.Bas. Dieses Modul enthält alle erforderlichen Deklarationen aus der PORT.DLL und wurde bereits vorgestellt. Es muss in jedes eigene Projekt mit eingebunden werden, damit die erforderlichen Prozeduren und Funktionen zum Zugriff auf die Schnittstellenleitungen vorhanden sind.

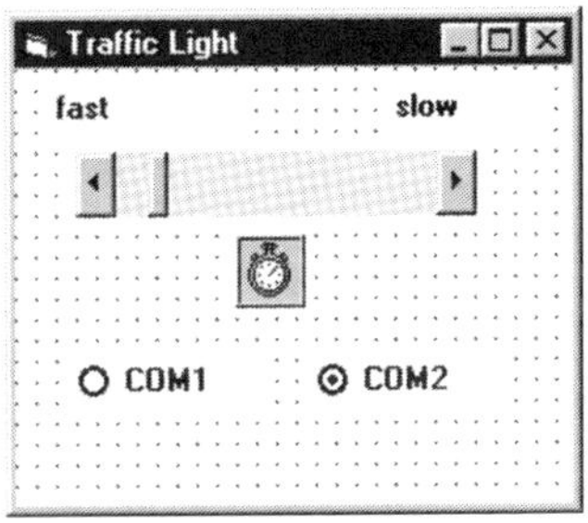

Abbildung 3.15: Das vorbereitete Formular.

In einem Visual Basic Programm arbeitet man mit voneinander getrennten Prozeduren, die bestimmten Ereignissen zugeordnet sind. Der Gesamtzusammenhang wird allein vom Windows gesteuert. Beim Start der Programms wird die Prozedur „Private Sub Form_Load()“ aufgerufen. Hier stehen alle Befehle, die zur Initialisierung benötigt werden. Im Vorliegenden Fall muss die serielle Schnittstelle ge-

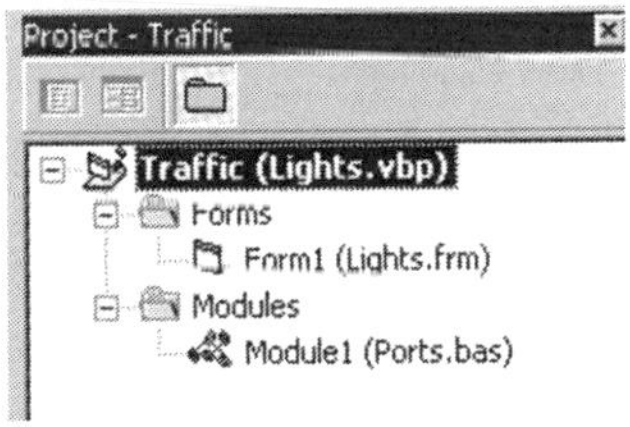

Abbildung 3.16: Das Projekt in der Übersicht

öffnet werden. Außerdem werden alle Ausgänge der Schnittstelle ausgeschaltet. Und schließlich wird eine globale Variable „Time“ auf null gesetzt.

Die Funktion OPENCOM aus der PORT.DLL gibt einen Wert zurück, der Auskunft darüber gibt, ob die Schnittstelle erfolgreich geöffnet werden konnte. Dies ist dann nicht möglich, wenn sie bereits von einem anderen Programm belegt ist. Hier wird zunächst versucht, COM2 zu öffnen. Bei Misserfolg (Rückgabewert = 0) soll COM1 geöffnet werden. Zugleich soll dies am Bildschirm sichtbar werden. Dazu wird die Eigenschaft „Value“ den Knopfes Option1 (COM1) mit dem Wert „True“ belegt. Dort erscheint dann ein schwarzer Punkt, während er bei COM2 verschwindet. Falls übrigens auch COM1 nicht frei war, gibt es eine entsprechende Fehlermeldung in einer MessageBox.

Im Normalfall öffnet das Programm die Schnittstelle COM2. Will man selbst auf COM1 umschalten, dann klickt man auf den entsprechenden Knopf. Dadurch veranlasst man Windows, die Prozedur Option1.Click aufzurufen. Darin wird COM1 geöffnet und der Erfolg überwacht. Diese automatische Wahl und manuelle Umschaltung der Schnittstelle wurde bereits im Programm IOtest verwendet und soll auch im folgenden immer wieder eingesetzt werden. Wer möchte, kann sich entsprechende Knöpfe für weitere Schnittstellen, also für COM3 und COM4 einbauen.

```
Dim Time As Integer

Private Sub Form_Load()
 i = OPENCOM("COM2,1200,N,8,1")
 If i = 0 Then
    i = OPENCOM("COM1,1200,N,8,1")
    Option1.Value = True
 End If
 If i = 0 Then MsgBox ("COM Interface Error")
 TXD 0
 RTS 0
 DTR 0
 Time = 0
 End Sub

Private Sub Form_Unload(Cancel As Integer)
  CLOSECOM
 End Sub

Private Sub HScroll1_Change()
  Timer1.Interval = HScroll1.Value
 End Sub
```

```
 Private Sub Option1_Click()
 i = OPENCOM("COM1,1200,N,8,1")
 If i = 0 Then MsgBox ("COM1 not available")
 TXD 1
 RTS 1
 DTR 1
 End Sub

Private Sub Option2_Click()
 i = OPENCOM("COM2,1200,N,8,1")
 If i = 0 Then MsgBox ("COM2 not available")
 TXD 1
 RTS 1
 DTR 1
 End Sub

Private Sub Timer1_Timer()
  Time = Time + 1
  If Time = 1 Then red
  If Time = 40 Then redyellow
  If Time = 50 Then green
  If Time = 90 Then yellow
  If Time = 100 Then Time = 0
 End Sub

Sub red()
 RTS 1
 DTR 0
 TXD 0
 End Sub

Sub redyellow()
 RTS 1
 DTR 1
 TXD 0
 End Sub

Sub yellow()
 RTS 0
 DTR 1
 TXD 0
 End Sub

Sub green()
 RTS 0
 DTR 0
 TXD 1
 End Sub
```

Listing 3.6: Das Programm zur Ampel (Lights.vbp).

Für die Ampel braucht man eine Zeitsteuerung. Dazu gibt es z.B. die Prozedur DELAY in der DLL. Aber anders als bei DOS-Programmen darf ein Windows-Programm nicht allein über die gesamte Rechenzeit des Systems verfügen. Es ist also nicht sinnvoll, eine Prozedur mit einer Hauptschleife zur Ampelsteuerung zu schreiben. Stattdessen muss die Ampel über Ereignisse gesteuert werden. Dazu dient hier ein Windows-Timer. Das Timer-Intervall wurde auf 100 ms eingestellt. Alle 100 ms wird also die Prozedur Timer1.Timer aufgerufen.

In der Timer-Prozedur wird eine Variable „Time" erhöht, die also die Zeit in Zehntelsekunden angibt. Nun kann bei jedem Aufruf abgefragt werden, ob ein bestimmter Zeitpunkt gekommen ist, also ob z.B. die Ampel von Grün auf Gelb wechseln soll. Die Zeiten sind hier willkürlich festgelegt und können leicht verändert werden. In Abhängigkeit der einzelnen IF-Abfragen werden die eigentlichen Schalt-Prozeduren Red, Yellow, Green und RedYellow aufgerufen. In jeder dieser Prozeduren steht, welche Leitungen ein- und welche ausgeschaltet sein sollen.

Das Formular enthält außerdem noch den Schieberegler, mit dem man zentral die Geschwindigkeit der Ampelschaltung einstellen kann. Sobald man den Schieberegler verstellt, wird die Prozedur Hsrcoll1.Change aufgerufen. Hierin wird dem Timer ein neues Intervall zugewiesen, das sich direkt aus der aktuellen Position (Value) des Schiebers ergibt. Der mögliche Einstellbereich wurde zuvor auf 50 bis 500 eingestellt. Dementsprechend kann der Timer im Bereich 50 ms bis 500 ms verstellt werden.

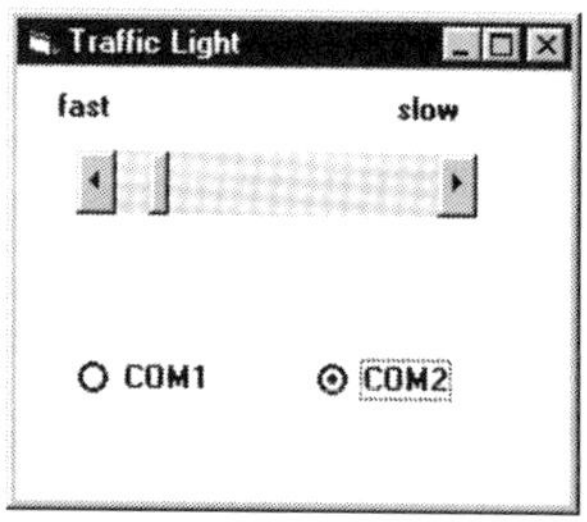

Abbildung 3.17: Das Ampelprogramm zur Laufzeit.

3.4 Ein Blinker/Taktgeber

Die nächste Anwendung ist ein Blinker oder Taktgenerator mit einstellbarer Frequenz. Die Schaltung kann unverändert wie bei der Ampel bleiben. Hier wird TxD permanent eingeschaltet und DTR und RTS werden gegenphasig angesteuert. Die eine Leitung ist also an, wenn die andere aus ist. Als kleine zusätzliche Programmierübung kann man z.B. ein Lauflicht programmieren.

Das gesamte Programmgerüst kann unverändert von der Ampelsteuerung übernommen werden. Es reicht, die Timerprozedur neu zu schreiben. In diesem Fall wurden keine zusätzlichen Prozeduren verwendet, sondern die Leitungen direkt umgeschaltet.

```
Private Sub Timer1_Timer()
  Time = Time + 1
  If Time = 1 Then
    RTS 1
    DTR 0
  End If
  If Time = 2 Then
    RTS 0
    DTR 1
  End If
  If Time = 2 Then Time = 0
 End Sub
```

Listing 3.7: *Die Timerprozedur des Blinkprogramms (Blink.vbp).*

Nun blinkt es also. Die LEDs an den Ausgängen DTR und RTS werden im Wechsel angeschaltet. Man kann die Geschwindigkeit in weiten Grenzen verändern. In der schnellsten Stellung sieht man eventuell schon eine gewisse Unregelmäßigkeit. Windows ist nicht in der Lage, ein Zeitraster von 50 Millisekunden exakt einzuhalten, da im Rahmen des Multitasking ja auch noch andere Prozesse ablaufen. Allgemein spricht man davon, dass Windows nicht „echtzeitfähig" ist. Allerdings gibt es einige Tricks, mit denen man doch noch einiges machen kann. Sie werden in den folgenden Kapiteln vorgestellt.

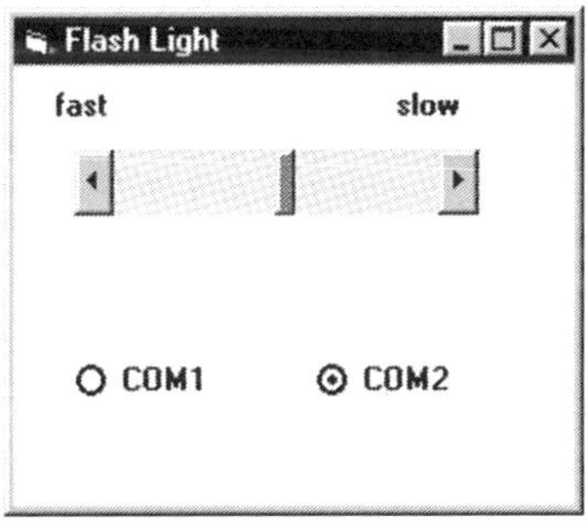

Abbildung 3.18: *Das Blinker-Programm.*

4. Die Ausgänge der seriellen Schnittstelle

Im vorigen Kapitel wurde bereits festgestellt, dass die Ausgangsleitungen der RS232 entweder +10 V oder −10 V führen. Außerdem konnte man gefahrlos eine LED anschließen, da der Strom begrenzt ist. Aber wie verhalten sich die Ausgänge genau? Dieser Frage soll nun nachgegangen werden.

4.1 Technische Daten

Die Hersteller von PC-Hardware halten sich weitgehend an die RS232-Norm, in der festgelegt wird, mit welchen Pegeln Daten übertragen werden sollen. Ursprünglich war festgelegt, dass die Ausgangsspannungen ±15 V betragen sollen. Am Eingang sollen mindestens Signale von ±3 V liegen. Spannungen unter −3 V gelten als logische Eins, solche über +3 V als logische Null. Da die Ausgänge ±15 V liefern sollen, die Eingänge jedoch nur ±3V brauchen, ergibt sich eine gute Übertragungssicherheit auch bei längeren Leitungen. Störungen fallen weniger ins Gewicht als z.B. bei TTL-Pegeln mit 0V/5V.

An die strenge Vorgabe, ±15 V auszugeben, hält sich schon lange niemand mehr, denn das PC-Netzteil hat ja eine Versorgung mit +12 V und − 12 V, was auch reichen muss. Dass dann am Ende noch etwas weniger ankommt, liegt an den verwendeten Ausgangstreibern. Auf einzelnen Schnittstellenkarten wurden meist Leitungstreiber 1488 und Leitungsempfänger 1489 eingesetzt, die einen Quasi-Standard für das tatsächliche Verhalten der RS232 festlegen. Abb. 4.1 zeigt die Innenschaltung des Leitungstreibers. Man sieht deutlich, dass eine Strombegrenzung vorgesehen ist. Sie ist im Datenblatt mit 10 mA angegeben. Also auch bei einem Kurzschluss soll nicht mehr als 10 mA fließen. Außerdem sieht man an der Schaltung, dass nicht 12 V rauskommt, wenn man 12 V anschließt. Die Ausgangsstufe sorgt

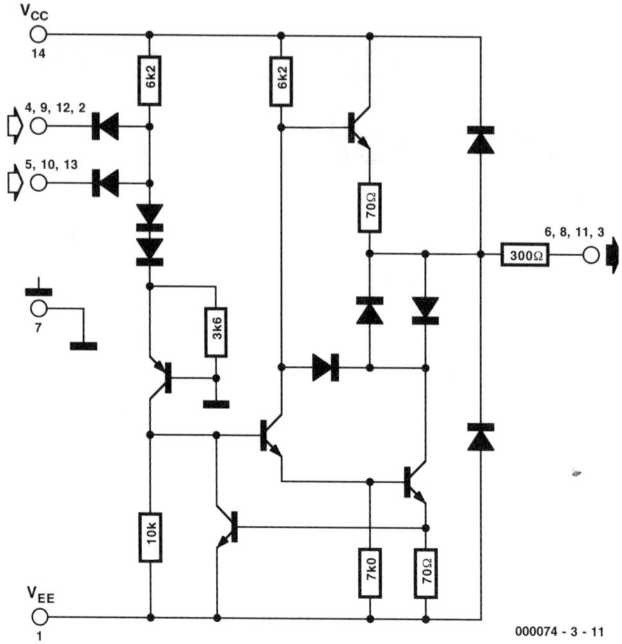

Abbildung 4.1: Innenschaltung des 1488 (Quelle Motorola).

für einen gewissen Spannungsabfall, sodass letztlich nur etwa 10 V am Ausgang erscheint.

Inzwischen werden meist höher integrierte Bausteine eingesetzt, die die Ausgangstreiber gleich mit enthalten. Dabei können sich etwas abweichende Daten ergeben. Deshalb ist es interessant, für den eigenen PC die ausgegebenen Spannungen und Ströme genauer zu untersuchen. Die Tendenz bei den PC-Herstellern geht ja bekanntlich in Richtung schneller, größer, besser. Das bedeutet für die RS232-Schnittstelle höhere Baudraten auf längeren Kabeln mit hoher Übertragungssicherheit. Damit auch die höheren Kapazitäten langer Leitungen nicht zu einer übermäßigen Abflachung von Impulsen führen, muss der maximale Ausgangsstrom erhöht werden. Die Ausgänge neuerer PCs liefern daher nicht mehr nur 10 mA, sondern etwa 20 mA. Insgesamt kann man dann bis zu 60 mA aus der Schnittstelle entnehmen. Das ist sehr praktisch für die hier vorgestellten Versuche und ein weiterer Grund, einmal genauer nachzumessen. Es sind übrigens auch schon PCs aufgetaucht, die tatsächlich genau ±12 V an den Ausgängen liefern. Vermutlich wurden hier in der Ausgangsstufe des Leitungstreibers MOSFETs eingesetzt.

4.2 Messung der Ausgangskennlinie

Ganz grob erhält man die Daten der Ausgänge, wenn man z.B. mit einem Digitalmultimeter die Leerlaufspannung und den Kurzschlussstrom ermittelt. „Kurzschluss“ hört sich sehr gefährlich an, ist aber an der RS232-Schnittstelle wegen ihres Innenwiderstands (vgl. [4]) unschädlich.

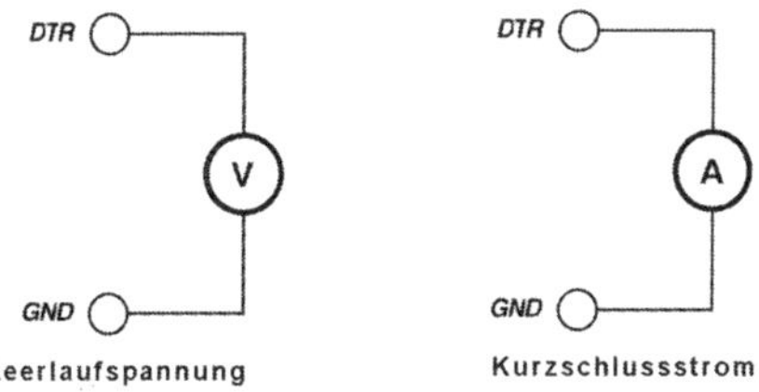

Abbildung 4.2: *Die ersten Messungen.*

Beim PC des Autors wurden folgende Werte gemessen:

Leerlaufspannung U_0 = –10,9 V (AUS), U_0 = +10,9 V (AN)
Kurzschlussstrom: I_{max} = –22,4 mA (Aus), I_{max} = 24, 4mA (AN)

Um die genauen Daten der RS232-Ausgänge des eigenen PC zu ermitteln, ist eine kleine Messreihe erforderlich. Man muss dazu die Spannung und den Strom bei unterschiedlichen Belastungen messen. Als Last kann entweder ein Poti mit ca. 10 kΩ oder eine Reihe verschiedener Einzelwiderstände dienen. Wenn zwei Messgeräte vorhanden sind, misst man am besten die Spannung und den Strom. Ist nur eins zur Hand, reicht auch eine Spannungsmessung, wenn der jeweilige Widerstand bekannt ist. Die Beispielmessung wurde mit einer Reihe von Normwiderständen durchgeführt. Es wurde jeweils die Spannung gemessen und der Strom mit I = U/R berechnet.

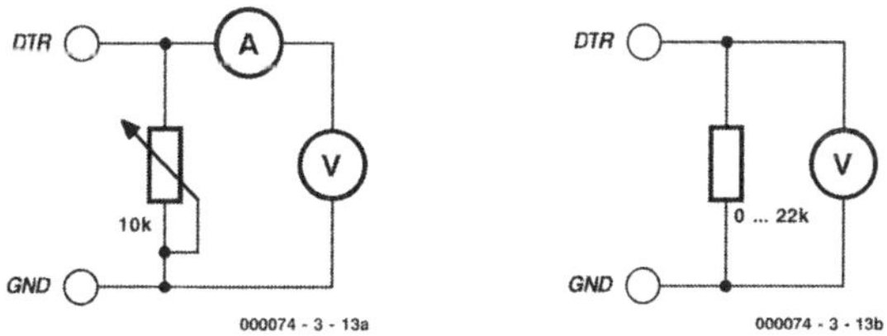

Abbildung 4.3: *Messungen unter wechselnder Belastung.*

R/kΩ	I/mA	U/V
∞	0	10,9
22	0,48	10,6
10	1,04	10,4
4,7	2,12	10
2,2	4,18	9,2
1	7,8	7,8
0,47	12,55	5,9
0,33	14,84	4,9
0,01	25	0,25

Tabelle 4.1: Strom und Spannung bei unterschiedlichen Belastungen.

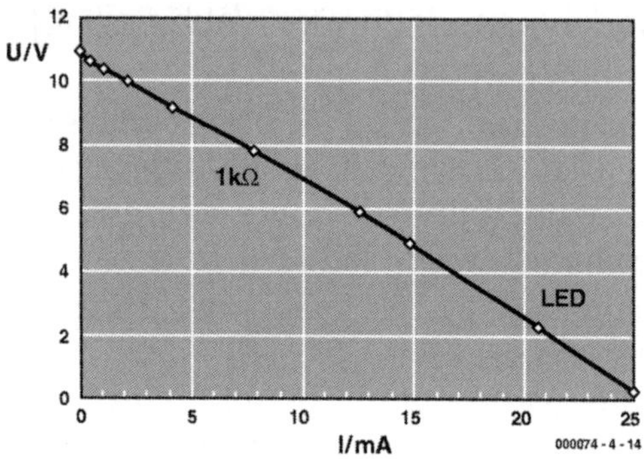

Abbildung 4.4: Die Belastungskennlinie für einen Ausgang.

Abb. 4.4 zeigt die abnehmende Ausgangsspannung bei steigender Belastung. Der kleinste Widerstand mit 10 Ω stellt schon fast einen Kurzschluss dar, wobei aber noch die Spannung gut zu messen ist. Das Diagramm zeigt einen in erster Näherung linearen Abfall der Spannung mit steigendem Strom. Aus der Steigung lässt sich ein Innenwiderstand des Ausgangs von ca. 430 Ω bestimmen. Eine moderne, helle LED zeigt übrigens in Durchlassrichtung eine Spannung von ca. 2,2 V. Aus dem Diagramm geht hervor, dass der Diodenstrom ca. 20 mA beträgt. Das ist gerade der maximale erlaubte Dauerstrom für eine normale LED. Die Messung zeigt also, dass eine LED ohne Vorwiderstand angeschlossen werden darf.

Die Auswertung der Messdaten erfolgte übrigens mit Excel. Wer Lust hat, kann für den eigenen PC eine genaue Messung durchführen. Dies ist zugleich eine gute Übung für angewandte Messtechnik und Auswertung. Falls der eine oder andere Leser diesen Aufwand scheut, kann er natürlich alle Versuche auch ohne eigene Messung durchführen.

4.3 Verbraucher an der seriellen Schnittstelle

Wenn die Schnittstelle direkt LEDs treiben kann, muss der Strom auch für andere Verbraucher ausreichen. Wie bereits festgestellt wurde, kann man bis zu etwa 60 mA aus der Schnittstelle entnehmen. Damit lässt sich schon einiges anfangen.

Die folgende praktische Anwendung ist ein kleines Akku-Ladegerät an der seriellen Schnittstelle. In der gezeigten Schaltung fließt ein Ladestrom von rund 30 mA. Das reicht für kleine Akkus oder zur Ladungserhaltung. Hier wird übrigens mit negativer Ausgangsspannung gearbeitet. Das hat den Vorteil, dass die Schaltung gleich nach dem Einschalten des PCs ohne Start eines Programms funktioniert. Falls die Polung stört, kann man die Dioden umdrehen und die Leitungen per Software auf +10 V umschalten. Wer möchte, kann die Ladung auch per Software automatisch steuern.

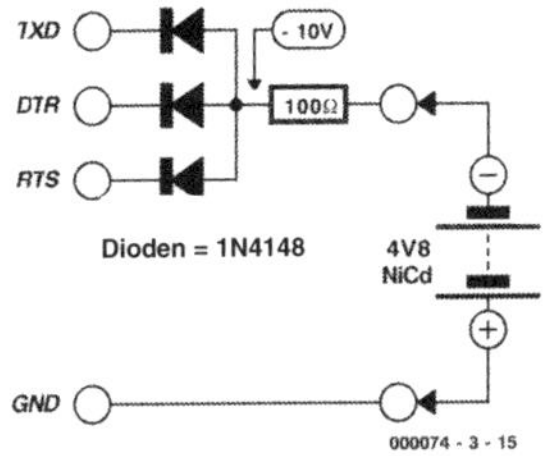

Abbildung 4.5:
Ein Ladegerät.

Auch andere kleinere Verbraucher lassen sich direkt an der seriellen Schnittstelle betreiben. Ein Beispiel sind kleine Gleichstrommotoren. Ein leichtgängiger Motor, wie er z.B. in einem Kassettenrekorder verwendet wird, läuft schon mit etwa 30 mA an. Man kann daher mit dem zusammengefassten Strom mehrerer Ausgänge einen solchen Motor betreiben. Mit einer kleinen Veränderung des Blinkprogramms kann man erreichen, dass zwei Ausgänge gleichphasig umschalten. Dann kann der Motor auch in beide Richtungen gesteuert werden.

Auch kleinere Relais können direkt an einer Schnittstellenleitung betrieben werden. Oft benötigt man noch eine Diode, damit das Relais in der einen Spannungsrichtung abfällt.

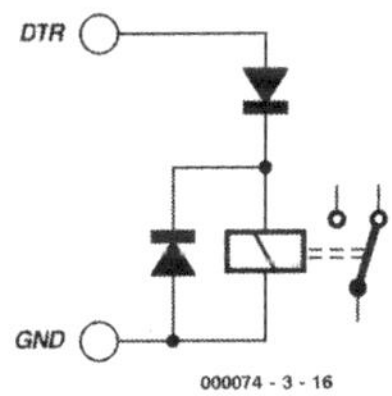

Abbildung 4.6:
Anschluss eines Relais.

4.4 Transistor-Schaltstufen

Wenn größere Lasten als nur LEDs geschaltet werden sollen, kann man Relais einsetzen. Preiswerter, eleganter und weniger aufwendig ist jedoch eine Transistor-Schaltstufe. Hier soll eine kleine Glühlampe mit 100 mA geschaltet werden. Abb. 4.7 zeigt eine Schaltung mit externer Stromquelle. Der eingesetzte Transistor ist ein BC548. Das Prinzip der Schaltstufe ist sehr einfach: Die Schnittstelle liefert nur den relativ kleinen Basisstrom des Transistors. Der Strom wird duch den Transistor verstärkt, sodass der Kollektorstrom die Lampe einschaltet.

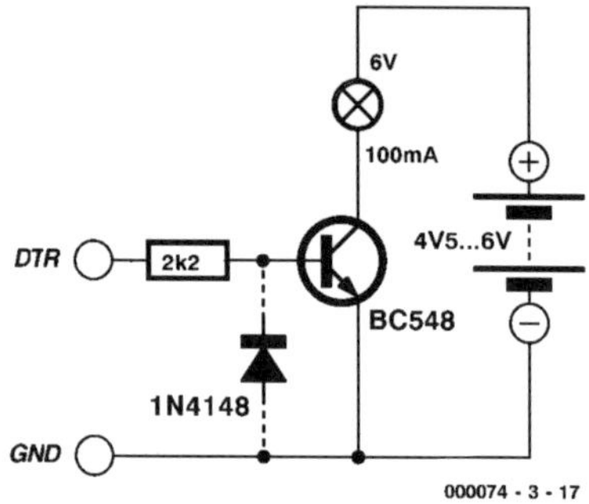

Abbildung 4.7:
Eine Transistor-Schaltstufe.

Wie kommt man auf die Auswahl der geeigneten Bauteile einer solchen Schaltstufe? Die wichtigsten Überlegungen sollen hier kurz vorgestellt werden. Die Glühlampe hat einen Betriebsstrom von 100 mA. Dieser wird mühelos von einem BC548 verkraftet. Der maximale Kollektorstrom wird mit 300 mA angegeben. Wenn man den Lampenstrom im Moment des Einschaltens misst, stellt man jedoch einen größeren Strom fest. Die Lampe hat im kalten Zustand einen Widerstand von nur 1/10 des Betriebswiderstands. Theoretisch fließt also kurzzeitig ein Strom von 1 A. In der Praxis wird jedoch der Einschaltstrom durch den Transistor etwas begrenzt. Da sich der Glühfaden der Lampe in wenigen Millisekunden erwärmt, ist die kurze Überlastung zu rechtfertigen. Allgemein wählt man immer das kleinste und preiswerteste Bauelement für eine Aufgabe. Wem das zu unsicher ist, der kann einen BC338 mit einem Spitzenstrom von 800 mA verwenden.

Der Basiswiderstand von 2,2 kΩ liegt an einer Spannung von rund 10 V. Es fließt also im AN-Zustand ein Basisstrom von etwa 4,5 mA. Für den BC548 ist je nach Verstärkungsgruppe A, B oder C ein Verstärkungsfaktor zwischen 110-fach und 800-fach angegeben. Meist erhält man einen BC548C mit einer Verstärkung zwischen 420 und 800. Im ungünstigsten Fall wird ein Basisstrom von 100 mA/400 = 0,25mA benötigt. Mit dem Basiswiderstand von 2,2 kΩ ist der tatsächliche Baisstrom sehr reichlich bemessen. Allerdings muss man auch berücksichtigen, dass der Stromverstärkungsfaktor des Transistors bei einem großen Kollektorstrom geringer ausfällt. Trotzdem soll noch eine deutliche Übersteuerung vorhanden sein, damit der Transistor ganz durchsteuert. Zwischen Emitter und Kollektor soll eine möglichst kleine Restspannung liegen, damit die Verlustleistung gering bleibt. Dies gilt auch für den Einschaltmoment.

Wie man sieht, liegt der Wahl des Basiswiderstands keine exakte Berechnung, sondern eher eine Abschätzung zugrunde. Es ist interesassant, einmal verschiedene Basiswiderstände einzusetzen, um zu erproben, in welchem Bereich sich sinnvolle Ergebnisse ergeben. Ein zu großer Basiswiderstand steuert den Transistor zu gering durch. Es kommt dann zu einem größeren Spannungsabfall am Transistor und zu einer spürbaren Erwärmung. Hat man einen Widerstand gewählt, der im AN-Zustand brauchbare Ergebnisse liefert, kann es trotzdem noch sein, dass die Aussteuerung im Einschaltmoment zu gering ausfällt. Man sieht dann deutlich, dass die Lampe verlangsamt eingeschaltet wird. Das bedeutet wiederum eine hohe Verlustleistung in der Einschaltphase. Ein zu kleiner Basiswiderstand dagegen verschwendet Strom im Steuerkreis und führt ebenfalls zu höheren Verlusten.

Im Schaltbild ist eine Diode angegeben, die in Gegenrichtung zwischen Basis und Emitter liegt. Sie verhindert das Auftreten großer negativer Spannungen an der Basis. Die erlaubte Sperrspannung der Basis-Emitterdiode liegt meist bei etwa –5 V. Bereits bei ca. –9 V kommt es zu einem Durchbruch, d.h. es fließt ein merklicher Sperrstrom. Der Transistor verhält sich hier wie eine Zenerdiode mit einer Zenerspannung von etwa 9 V. Da die Spannung im AUS-Zustand aber bei –10 V liegt, sollte man sie begrenzen. Mit der Diode kann die Basisspannung etwa –0,6 V nicht unterschreiten. Es ist allerdings auch einen Versuch wert, die Diode einmal wegzulassen. Zwar fließt dann eine gewisser Sperrstrom, aber der Transistor sperrt trotzdem, d.h. die Lampe bleibt aus. Es funktioniert also auch ohne die Diode. Einem Basis-Sperrstrom wird nachgesagt, dass er auf Dauer die Rausch-Eigenschaften eines Transistors verschlechtert. Das allerdings spielt hier keine große Rolle. Wie so oft macht es einen Unterschied, ob man nur basteln und experimentieren möchte, oder ob man ernsthaft entwickelt. Im letzteren Fall gehört die Diode in die Schaltung.

4.5 Wechselstrom-Versuche

Das Blink-Programm (Blink.vbp) erzeugt an den Ausgängen DTR und RTS praktisch eine Wechselspannung einstellbarer Frequenz, die allerdings 10 Hertz nicht überschreitet. Man kann damit einfache Versuche zum Wechselstrom durchführen. Bekanntlich stellt ein Kondensator für Wechselstrom einen kapazitiven Widerstand dar. Der Kondensator leitet den Strom umso besser, je höher die Freuenz ist. Das lässt sich mit der folgenden Schaltung zeigen. Hier wird ein Kondensator aus zwei gegeneinander geschalteten Elkos gebildet, damit der Betrieb an einer Wechselspannung erlaubt ist. Dieses Verfahren wird manchmal auch bei Lautsprecherweichen angewandt.

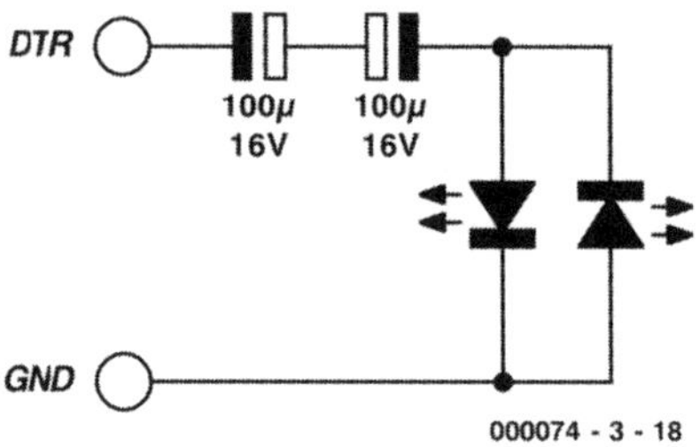

Abbildung 4.8: Kondensatoren als Wechselstrom-Widerstände.

Wenn man am Blinkprogramm eine geringe Frequenz einstellt, sieht man ein abwechselndes Aufblitzen der LEDs. Der Kondensator wird bei jedem Umschalten erneut aufgeladen. Der Strom geht jedes Mal allmählich gegen Null, wenn die Kondensatorspannung fast die Spannung an DTR erreicht. Erhöht man die Frequenz, dann werden die Lichtblitze häufiger. Gleichzeitig steigt die durchschnittliche Helligkeit beider LEDs. Die Kondensatoren setzen dem Wechselstrom einen kleineren Widerstand entgegen, die mittlere Stromstärke nimmt also zu.

Die erzeugte Wechselspannung hat einen Scheitelwert von etwas über 10 V. Die Spitze-Spitze-Spannung beträgt über 20 V. Man kann daher mit einer entsprechenden Schaltung auch eine Gleichspannung von etwa 20 V gewinnen. Auch etwa 40 V ist möglich, wenn an eine Vervielfacher-Kaskade einsetzt. Die besteht aus vier Kondensatoren und vier Dioden. Hier werden LEDs eingesetzt, damit man die Wirkungsweise anschaulich sehen kann.

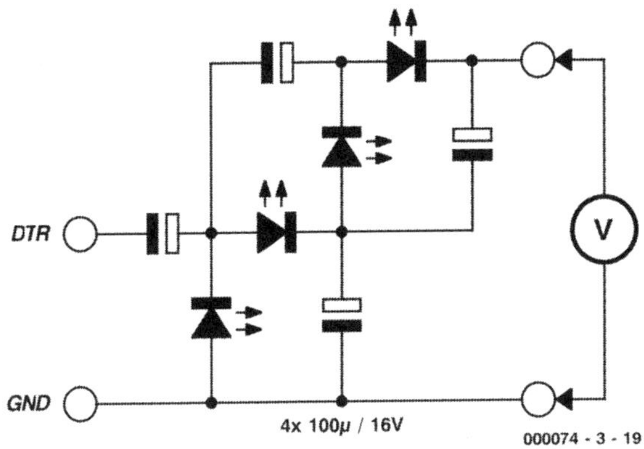

Abbildung 4.9: *40 Volt aus der seriellen Schnittstelle.*

Beim Starten des Blinkprogramms blitzen die LEDs zuerst relativ stark. Das Leuchten wird allmählich schwächer und verschwindet fast ganz, sobald die Kondensatoren ihre Endspannung erreicht haben. Man kann nun eine Spannung von fast 40 V messen. Entlädt man die Kondensatoren durch einen Widerstand von 1 kΩ am Ausgang, beginnt der Vorgang wieder von vorn.

Die Schaltung ist übrigens ein Beispiel dafür, wie LEDs mit hoher Sperrspannung „gequält" werden. Man kann das im experimentellen Umfeld durchaus tun, da die LEDs dies nach aller Erfahrung problemlos verkraften. Man sollte sich allerdings bewusst machen, dass man damit nicht gerade als vorbildlicher Ingenieur glänzt. Für eine ernsthafte Anwendung würde man selbstverständlich Si-Dioden wie z.B. die 1N4148 einsetzen.

4.6 Stromversorgung für ein Radio

Es wurde bereits gezeigt, dass man kleinere Geräte aus der seriellen Schnittstelle direkt versorgen kann. Hier soll nun ein kleines Transistorradio an einer Ausgangsleitung versorgt werden.

PC-Radios sind ja nichts ungewöhnliches. Aber mit Kurzwelle und dann noch breitbandig, das kann man nicht kaufen, das muss man selbst bauen. Batterie oder Netzteil braucht man nicht. Die Stromversorgung kommt direkt vom PC, und zwar aus der Leitung DTR.

Das Radio wurde mit der Experimentierplatine aufgebaut. Antennenanschluss und der NF-Ausgang wurden mit Krokodilklemmen verbunden. Das NF-Signal wird in die Soundkarte des PCs eingespeist.

Als Antenne dient z.B. die Regenrinne. Sie ist bei manchen Häusern am unteren Ende beim Übergang in den Abwasserkanal durch eine Dichtung oder durch Zement isoliert. Damit hat man eine brauchbare Kurzwellenantenne. Wer dieses Glück nicht hat, muss einen Draht spannen. Ab fünf Metern Länge erhält man gute Ergebnisse.

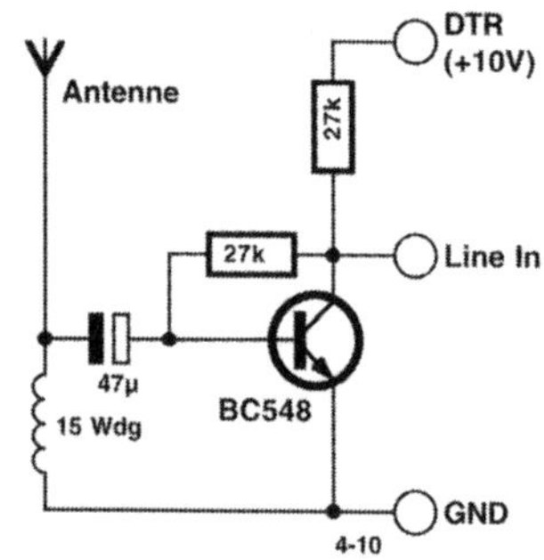

Abbildung 4.10: *Das einfache Radio.*

Abbildung 4.11: *Aufbau des Radios auf der Experimentierplatine.*

Die Schaltung zeigt einen einfachen Audion-Empfänger. Der Transistor in Emitterschaltung demoduliert AM-Signale an seiner exponentiellen Eingangskennlinie. Da die Basis-Emitterdiode vorgespannt ist, reichen HF-Spannungen von einigen Millivolt für eine Demodulation. Die Audionschaltung ist daher wesentlich empfindlicher als eine einfache Dioden-Gleichrichtung.

Mancher wird sich nun fragen: wo ist denn da der Drehkondensator? Einen Drehko gibts hier nicht. Der Empfänger ist extrem breitbandig und empfängt (gleichzeitig!) alle starken Sender vom 49-Meter-Band bis zum 19-Meter-Band. Die Spule wurde zweilagig mit 15 Windungen auf einen Bleistift gewickelt. Es ergibt sich eine Induktivität von etwa 2 µH. Die Basiskapazität und die Kapazität der Antenne kommen zusammen auf ca. 100 pF. Damit liegt die Resonanzfrequenz bei 11 MHz. Der geringe Eingangswiderstand des Transistors dämpft den Schwingkreis so, dass sich ein Gütefaktor um Eins ergibt, das heißt die Bandbreite liegt ebenfalls bei etwa 11 MHz. Also zwischen 6 MHz und 17 MHz kommt alles durch. Dieser völlige Verzicht auf die übliche Selektion bringt überraschende Ergebnisse.

Weniger ist mehr. Für den Nachrichtentechniker heißt das: Weniger Trennschärfe = mehr Bandbreite = mehr Information. In der Tat taucht man hier ein in ein Meer von Stimmen und Tönen. Die besonderen Ausbreitungsbedingungen auf Kurzwelle bringen es mit sich, dass mal der eine und mal der andere Sender stärker hervortritt. Man hört Nachrichten in mehreren Sprachen gleichzeitig, Musik von Klassik bis Pop oder Volkslieder aus fernen Welten. Ohne die übliche Kurbelei schweift man völlig entspannt durch den ganzen Kurzwellenbereich.

Die Stromversorgung des Radios muss durch ein Programm wie IOtest erst eingeschaltet werden, indem man die Leitung DTR an der seriellen Schnittstelle von –10V auf + 10V schaltet. Wenn das vermieden werden soll, kann man einen PNP-Transistor einsetzen. Die alternative Schaltung zeigt noch weitere Änderungen. Korrekter ist es, wenn man einen Koppelkondensator einsetzt und nicht mit einem Gleichspannungsanteil auf den Eingang der Soundkarte geht. Außerdem gehört es sich eigentlich, dass man Reste der Hochfrequenz durch einen parallelen Kondensator kurzschließt. Mit diesen Änderungen passt das Radio auch ganz gut direkt an eine Stereoanlage, einen Endverstärker oder an Aktivboxen. Dann kann man auch den ganzen PC weglassen und stattdessen eine Batterie verwenden. Es geht fast alles zwischen 1,5 V und 12 V.

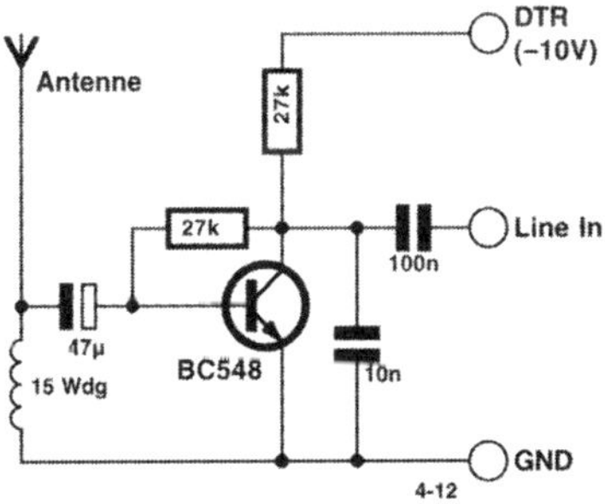

Abbildung 4.12: *Die veränderte Schaltung des Empfängers.*

4.7 Ansteuerung von vier LEDs

Kann man vier LEDs ansteuern, wenn man nur drei Portleitungen hat? Es geht, wenn man darauf verzichtet, jede LED unabhängig von den andern zu steuern. Oft besteht die Aufgabe gerade darin, zu einer Zeit genau eine in einer Reihe von vier LEDs anzuschalten. Damit lassen sich z.B. einfache Lauflichter herstellen. Für vier LEDs braucht man sogar nur zwei Ausgangsleitungen. Sie können insgesamt vier verschiedene Zustände einnehmen, die man in Form einer Binärzahl schreiben kann:

DTR	RTS	Binärzahl, Dezimalzahl
0	0	00b = 0
0	1	01b = 1
1	0	10b = 2
1	1	11b = 3

Für die Aufgabe benötigt man einen Dekoder, also eine Logikschaltung. Mancher kennt schon Dioden-Logik, Transistor-Logik, TTL und CMOS-Logik. Aber hier wird eine Art Widerstands-Logik vorgestellt, ein vollständiger 4-aus-2-Dekoder mit nur drei Widerständen.

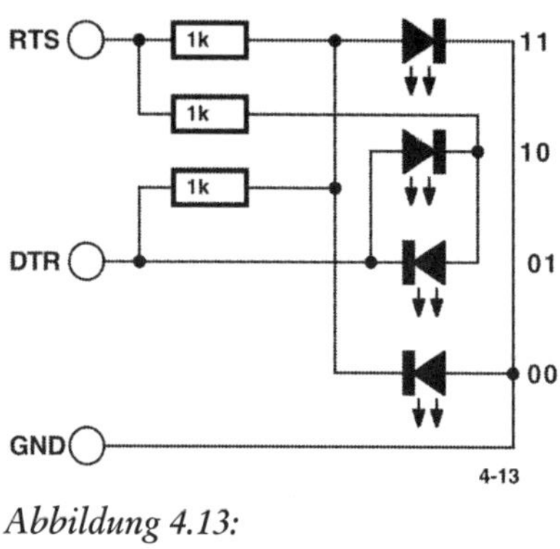

Abbildung 4.13:
Der 4-aus-2-Dekoder.

Abbildung 4.14:
Aufbau des Dekoders auf der Platine.

Dass diese einfache Schaltung funktioniert, verdankt man den besonderen Eigenschaften der seriellen Schnittstelle, speziell ihren bipolaren Ausgangsspannungen von –10 V und +10 V. Die oberste und die unterste LED im

Schaltplan liegen an einem Spannungsteiler aus zwei gleichen Widerständen von 1 kΩ. Sie können dann nicht leuchten, wenn beide Ausgangsleitungen ungleiche Spannungen haben. Hat z.B. RTS gerade +10 V und DTR –10 V, dann findet man am Spannungsteiler eine Spannung von 0 V gegen Masse. Genauso ist es, wenn RTS –10 V ausgibt, DTR aber +10 V. Die beiden LEDs sind also für die Zustande 10 und 01 aus. Es bleiben also nur die Zustände 11b und 00b, wobei jeweils von zwei Ausgängen Strom geliefert wird. Die oberste LED leuchtet im Zustand 11b und die unterste im Zustand 00b, da sie anders herum gepolt ist.

Die beiden mittleren LEDs sind in Reihe mit einem Widerstand zwischen die Ausgänge gelegt. Hier kann nur dann ein Strom fließen, wenn beide Leitungen unterschiedliche Pegel annehmen, also im Zustand 01b oder 10b. Es ist ja nicht die Spannung gegen Masse entscheidend, sondern der Spannungsunterschied zwischen beiden Leitungen. Wieder sind beide LEDs antiparallel geschaltet. Daher entscheidet die Richtung des Stroms darüber, welche tatsächlich leuchtet, nämlich bei 10b die obere und bei 01b die untere.

Die Schaltung kann mit dem Universalprogramm IOtest ausprobiert werden. Durch Anklicken der Ausgänge DTR und RTS lassen sich tatsächlich alle LEDs einzeln anschalten. Ein automatisches Lauflicht zeigt Listing 4.1 mit dem Programm *Running.vbp*.

```
Dim Time As Integer

Private Sub Form_Load()
 i = OPENCOM("COM2,1200,N,8,1")
 If i = 0 Then
    i = OPENCOM("COM1,1200,N,8,1")
    Option1.Value = True
 End If
 If i = 0 Then MsgBox ("COM Interface Error")
 Time = 0
 End Sub

Private Sub Form_Unload(Cancel As Integer)
  CLOSECOM
 End Sub

Private Sub HScroll1_Change()
  Timer1.Interval = HScroll1.Value
 End Sub
```

```
Private Sub Option1_Click()
 i = OPENCOM("COM1,1200,N,8,1")
 If i = 0 Then MsgBox ("COM1 not available")
 End Sub

Private Sub Option2_Click()
 i = OPENCOM("COM2,1200,N,8,1")
 If i = 0 Then MsgBox ("COM2 not available")
 End Sub

Private Sub Timer1_Timer()
  Time = Time + 1
  If Time = 1 Then DTR 0: RTS 0
  If Time = 2 Then DTR 1: RTS 0
  If Time = 3 Then DTR 0: RTS 1
  If Time = 4 Then DTR 1: RTS 1
  If Time = 4 Then Time = 0
 End Sub
```

Listing 4.1: Das Vierkanal-Lauflicht (Running.vbp).

Abbildung 4.15:
Das Programm Running Light.

Der Schieberegler des Programms stellt ein Timer-Intervall ein. Da hier die Einstellung „fast“ = „schnell“ rechts steht, musste der kleinere Zeitwert auf der rechten Seite liegen. Dies gelingt durch ein Vertauschen von Minimum und Maximun. Mit den Eigenschaften Min = 500 und Max = 50 erreicht man das gewünschte Verhalten des Schiebers.

Beim Betrachten der Schaltung können Zweifel aufkommen, ob alle LEDs gleich hell leuchten. Auf den ersten Blick könnte man meinen, die äußeren LEDs sollten viel heller leuchten als die inneren, denn sie erhalten ja Strom gleich von zwei Ausgängen. Das stimmt aber nicht ganz, denn die inneren LEDs erhalten dafür mit ihrem einzelnen Vorwiderstand etwa die doppelte Spannung. Theoretisch ist es gleich, ob man 2 mal 1 kΩ parallel (also 500 Ω) an eine Spannung von 10 V legt, oder einen einzelnen Widerstand von 1 kΩ an eine Spannung von 20 V.

Also sollten alle vier LEDs gleich hell leuchten. Bei einem ersten Test sieht es auch so aus. Wenn man sich jedoch die Mühe macht, die Ströme einmal nachzumessen, dann wird man doch deutliche Unterscheide feststellen. In der Praxis ist es eben doch etwas komplizierter. Zum einen muss man die Spannungsabfälle an den LEDs berücksichtigen. Geht man hier von 2 V aus, dann sind die entscheidenden Spannungen 8 V und 18 V, d.h. das Verhältnis 1 zu 2 stimmt nicht mehr genau. Dann gibt es aber auch noch die inneren Spannungsabfälle in den Ausgängen. Da sich in den Fällen 11b und 00b beide Ausgänge den Strom teilen, ist ihr innerer Spannungsabfall kleiner als in den Fällen 01b und 10b, wo jeder Ausgang den vollen Strom aufbringen muss. Der Einfluss der inneren Spannungsabfälle ist gegenläufig zu dem der Spannungsabfälle an den LEDs. Ob sich beide Einflüsse gerade kompensieren, ist eine spannende Frage, der man mit viel Mathematik zu Leibe rücken könnte. Hier soll aber einfach einmal nachgemessen werden.

Spannungsmessungen sind einfacher durchzuführen als Stromstärkemessungen, man muss nur noch etwas rechnen, um auf den gesuchten Strom zu kommen. Zuerst wurde die Spannung an DTR gemessen. Sie betrug 8,4 V, wenn RTS auch eingeschaltet war und nur noch 5,6 V, wenn RTS ausgeschaltet war, also ein größerer Strom aufgebracht werden musste. Die LED-Spannungen wurden in jedem Fall mit 2 V gemessen. Damit ergeben sich folgende Ströme:

Zustand 10: $I = (2 \cdot 5{,}6\ \mathrm{V} - 2\ \mathrm{V}) / 1\ \mathrm{k\Omega} = 9{,}2\ \mathrm{mA}$

Zustand 11: $I = (8{,}4\ \mathrm{V} - 2\ \mathrm{V}) / 0{,}5\ \mathrm{k\Omega} = 12{,}8\ \mathrm{mA}$

Also sind die äußeren LEDs doch etwas heller als die inneren, was allerdings kaum auffällt. Wer einmal eine richtige Knobelaufgabe braucht, kann nun die 1-kΩ-Widerstände durch größere ersetzen. Es muss da einen Wert geben, bei dem sich die unterschiedlichen Einflüsse gerade aufheben, sodass die LEDs zwar weniger, aber den selben Strom erhalten. Die Aufgabe kann nicht nur durch Ausprobieren, sondern auch durch eine Rechnung gelöst werden, denn die Innenwiderstände der Ausgänge sind ja bereits bestimmt worden.

5. Die Eingänge der seriellen Schnittstelle

Bisher wurden die Eigenschaften der RS232-Ausgänge genauer betrachtet. Nun sind die Eingänge dran. Die Norm verlangt, dass Eingangsspannungen von mehr als +3 V als High-Signal erkannt werden, solche von weniger als –3 V als Low-Signal. Dazwischen ist der Pegel nicht eindeutig bestimmt.

5.1 Technische Daten

Typische RS232-Karten verwendeten meist Leitungsempfänger vom Typ 1489. Das IC benötigt nur eine einfache Betriebsspannung von 5 V. Die Innenschaltung zeigt eine einfache Schaltstufe mit drei Transistoren. Man erkennt, dass die tatsächliche Schaltschwelle nicht weit von der Basis-Emitterschwelle bei etwa 0,6 V liegen kann. Betrachtet man auch den Eingangs-Spannungsteiler von 3,8 kΩ / 10 kΩ, kommt man auf etwa 0,8 V. Vom Ausgang der zweiten Transistorstufe zur Basis des ersten Transistors führt aber auch noch der Widerstand R_F. Damit ergibt sich eine Rückkopplung, die insgesamt das Verhalten eines Schmitt-Triggers (vgl. [4]) bewirkt.

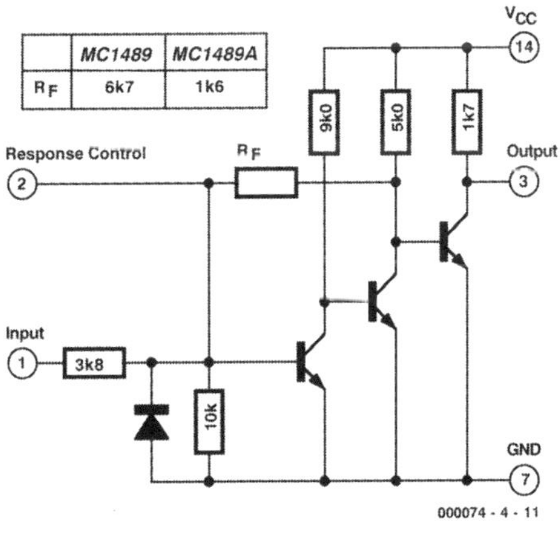

Abbildung 5.1:
Die Innenschaltung des 1489 (Quelle Motorola).

Es gibt also zwei Schaltschwellen, eine für ansteigende Spannungen und eine für abfallende Spannungen. Zwischen den Schaltschwellen bleibt jeweils der zuletzt erkannte Zustand bestehen. Laut Datenblatt liegt die untere Schwelle für den 1489 bei 1 V, die obere bei 1,25 V, jeweils mit einer möglichen Streuung von ±0,25 V. Der etwas abweichende 1489A hat einen kleineren Widerstand R_F. Bei ihm liegen die Schaltschwellen bei 1 V und 1,95 V.

Der 1489 stellt praktisch den Standard für RS232-Eingänge dar. In modernen PCs ist der Leitungsempfänger meist in ein komplexeres IC integriert. Dabei hat der Hersteller eine gewisse Freiheit, ob er sich an den Quasi-Standard hält, oder ob er die RS232-Norm etwas anders interpretiert. Es ist daher interessant, das genaue Verhalten der Eingangsleitungen am eigenen PC zu untersuchen. Man benötigt dazu eine einstellbare Spannungquelle. Man muss dabei aber nicht an ein Labornetzteil denken, denn die serielle Schnittstelle selbst liefert ja schon die Spannungen, die man benötigt. Er reicht ein einfaches Potenziometer, um die Messung durchzuführen.

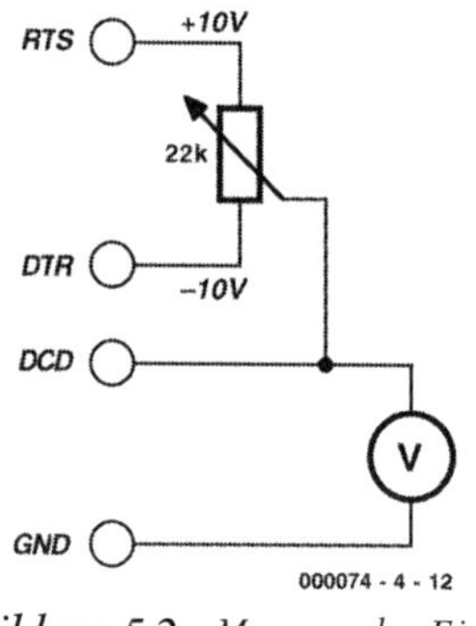

Abbildung 5.2: *Messung der Eingangs-Schaltschwellen.*

Für die Messung benötigt man das Programm IOTEST aus Kap. 3. Die Leitung RTS wird eingeschaltet, die Leitung DCD wird beobachtet. Beim Verstellen des Potis beobachtet man gleichzeitig das angeschlossene Voltmeter. Beim PC des Autors ergaben sich folgende Ergebnisse:

Untere Schwelle: 1,0 V
Obere Schwelle: 2,0 V

Der im PC verwendete Eingangstreiber ist also eher ein 1498A als ein 1489.

Man kann die Messung für alle vier Eingänge der seriellen Schnittstelle wiederholen und wird ähnliche Spannungen messen. Die gemessene obere Schaltschwelle ist bedeutsam für einige mögliche Anwendungen. Es ist nicht möglich, eine einfache Batterie mit 1,5 V am Eingang zu erkennen. Eine direkte Verbindung zwischen RS232-Ausgang und RS232-Eingang wird immer erkannt. Wenn allerdings eine LED gleichzeitig angeschlossen wird, ist das Ergebnis unsicher. Die Spannung an der eingeschalteten LED kann unterhalb oder oberhalb der Eingangs-Schaltschwelle liegen. Es kann also sein, dass die LED leuchtet, der Eingang aber noch Null zeigt.

Für manche Versuche ist nicht nur die Schaltspannung, sondern auch der Eingangsstrom wichtig. Auch hierzu kann man eine einfache Messung durchführen. Hier gibt es ebenfalls eine Hysterese. Gemessen wurde:

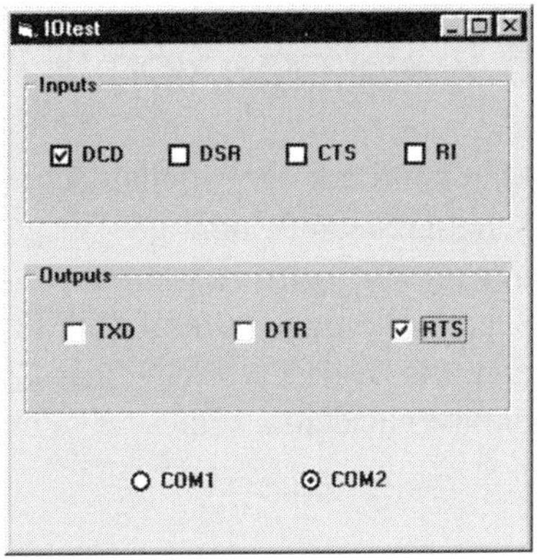

Abbildung 5.3: Beobachtung der Eingangszustände.

Untere Schwelle: 0,18 mA
Obere Schwelle: 0,36 mA

Aus diesen Ergebnissen kann man ableiten, dass ein RS232-Ausgang weit mehr als die vorhandenen vier Eingänge parallel ansteuern kann. Aus den gemessenen Spannungen und Strömen lässt sich ein Eingangswiderstand von 5,6 kΩ berechnen. Dieses Ergebnis erscheint plausibel, wenn man die Innenschaltung des 1489 betrachtet.

Ein ganz wichtiges Ergebnis der Messungen ist, dass man keine negativen Spannungen braucht, um Null-Zustände zu erzeugen, obwohl die RS232-Norm eigentlich Spannungen unter –3 V vorschreibt. Viele Versuche können daher mit einfacher Betriebsspannung durchgeführt werden. Allerdings gibt es vereinzelt PCs, deren Leitungsempfänger sich von den hier beschriebenen unterscheiden. Vor allem einige Laptops bestehen auf negativen Eingangsspannungen. Man muss dies dann bei einigen Versuchen beachten.

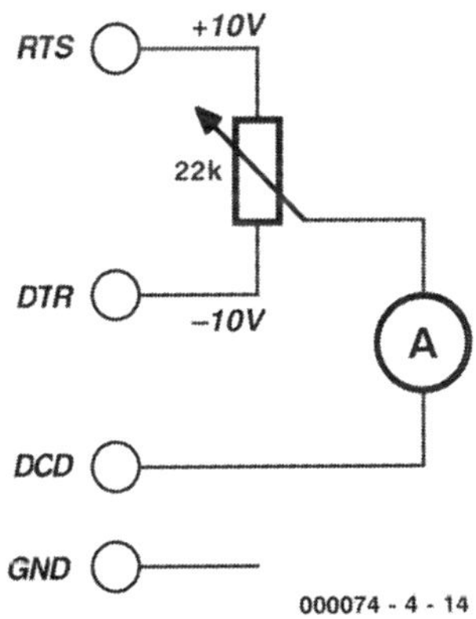

Abbildung 5.4: Messung des Eingangsstroms.

5.2 Abfrage von Schalterzuständen

Man kann mit der seriellen Schnittstelle ohne großen Aufwand bis zu vier Schalterzustände abfragen. Es genügt eine Ausgangsleitung, z.B. DTR, die hochgesetzt wird, um die erforderliche Betriebsspannung zu liefern. Die Schalter können entfernt über Kabel fast beliebiger Länge verbunden werden. Bis zu drei typische Reset-Taster lassen sich aber auch direkt auf der Platine einsetzen. In diesem Fall werden drei Ausgangsleitungen eingesetzt.

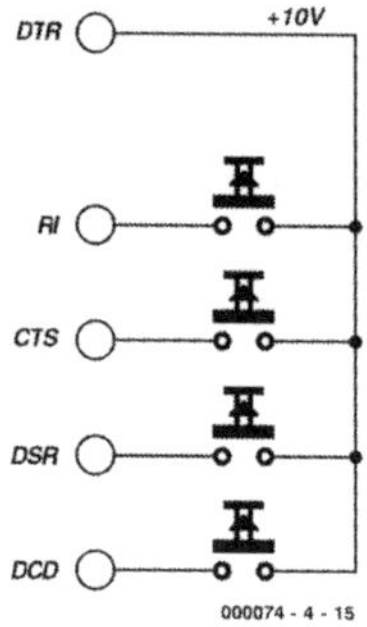

Abbildung 5.5: Anschluss von bis zu vier Schaltern.

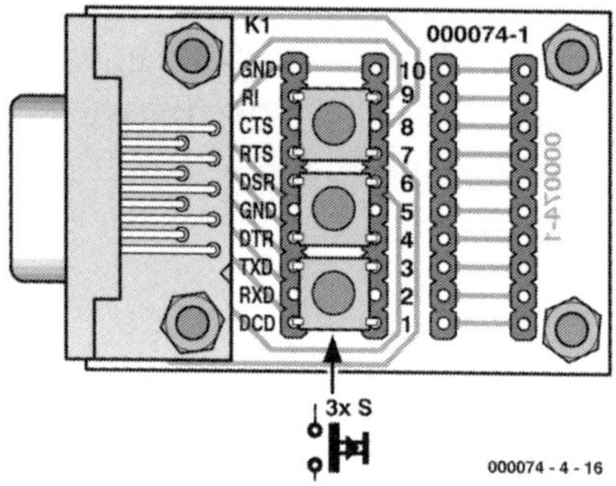

Abbildung 5.6: Direktes Aufstecken von drei Tastern.

5.3 Ein Impulszähler

Elektronische Zähler erfordern viel Aufwand an digitaler Elektronik. Wenn aber ein PC eingesetzt wird, wird es ganz einfach. Hier wird ein Impulszähler in Visual Basic aufgebaut. Als Eingang dient die Leitung DSR. Es kann ein einfacher Tastschalter zur Eingabe verwendet werden. Möglich ist aber auch ein beliebiger anderer Sensor, solange er eine geeignete Spannung abgibt.

Listing 5.1 zeigt das Programm des Projekts Counter1. Es werden zwei globale Variablen benötigt, DSRold zum Festhalten des letzten Zustands der DSR-Leitung und Counter1 als Zählregister. Die beiden Variablen werden in der ersten Prozedur initialisiert. Der Zähler wird auf null gesetzt, DSRold erhält den momentanen Zustand der DRS-Leitung. Außerdem werden alle Ausgangsleitungen eingeschaltet. Damit hat man die Möglichkeit, irgendeinen Ausgang mit dem Eingang DSR zu verbinden, um ein Zählsignal zu erzeugen.

```
Dim DSRold, Counter1

Private Sub Form_Load()
 i = OPENCOM("COM2,1200,N,8,1")
 If i = 0 Then
    i = OPENCOM("COM1,1200,N,8,1")
    Option1.Value = True
 End If
 If i = 0 Then MsgBox ("COM Interface Error")
 TXD 1
 RTS 1
 DTR 1
 Counter1 = 0
 DSRold = DSR()
 Timer1.Interval = 20
 End Sub

Private Sub Timer1_Timer()
 DSRNew = DSR()
 If DSRNew > DSRold Then
   Counter1 = Counter1 + 1
   Label1.Caption = Str$(Counter1)
 End If
 DSRold = DSRNew
 End Sub
```

Listing 5.1: *Das Programm Counter1.*

Der eigentliche Zählvorgang wird in der Timer-Prozedur ausgeführt. Windows ruft die Prozedur etwa alle 20 ms einmal auf. Dabei wird jedes Mal der Zustand des Eingangs DSR mit dem Zusand beim letzten Aufruf verglichen. Wenn der neue Zustand größer als der Alte Zustand ist, hat ein Wechsel von 0 nach 1 stattgefunden, es gab also eine positive Impulsflanke. Diese Flanke wird gezählt, indem die Zählvariable Counter1 um Eins erhöht wird. Nur bei einer positiven Flanke wird auch das Ausgabefeld erneuert.

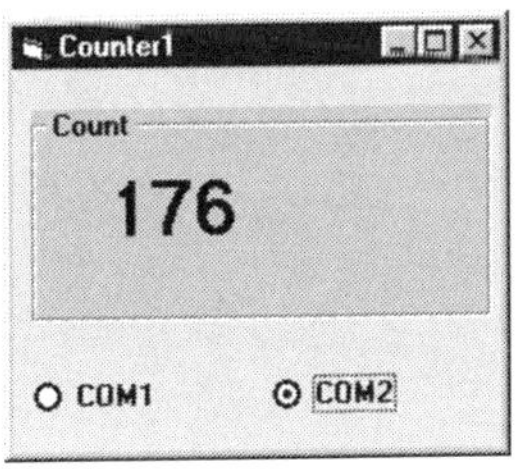

Abbildung 5.7: *Das Programm Counter1.*

Man kann den Tastschalter langsam oder schneller betätigen, er zählt zuverlässig jeden Tastendruck. Bis zu etwa 5 Impulsen pro Sekunde geht alles gut. Wenn es aber wesentlich schneller wird, kann man feststellen, dass einzelne Impulse nicht mehr gezählt werden. Die genaue Grenze ist vom verwendeten PC abhängig. Bei einem Timer-Intervall von 20 ms müsste ein Signal theoretisch dann erkannt werden, wenn es 20 ms lang low ist und 20 ms high. Zu einer Periodendauer von 40 ms gehört eine Frequenz von 25 Hertz (25 Impulse in einer Sekunde). Fehler treten aber schon bei kleineren Impulsraten auf. Daraus kann man schließen, dass Windows ein Timer-Intervall von 20 ms nicht mehr zuverlässig einhalten kann. Eine ähnliche Beobachtung wurde auch schon beim Blinkprogramm gemacht. Bereits bei einem Timer-Intervall von 50 ms konnte eine gewisse Unregelmäßigkeit beobachtet werden.

5.4 Ein Vierkanal-Zähler

Der Zähler ist zwar in dieser Form nicht der schnellste, aber dafür kann man sehr einfach einen Vierfach-Zähler bauen. Man braucht dazu nur den entscheidenden Programmcode viermal zu schreiben. Jedes Mal wird ein anderer Eingang abgefragt und ausgewertet. Listing 5.2 zeigt die veränderte Timer-Prozedur.

```
Private Sub Timer1_Timer()
 DCDnew = DCD()
 DSRnew = DSR()
 CTSnew = CTS()
 RInew = RI()
 If DCDnew > DCDold Then
   Counter1 = Counter1 + 1
   Label1.Caption = Str$(Counter1)
 End If
 If DSRnew > DSRold Then
   Counter2 = Counter2 + 1
   Label2.Caption = Str$(Counter2)
 End If
 If CTSnew > CTSold Then
   Counter3 = Counter3 + 1
   Label3.Caption = Str$(Counter3)
 End If
 If RInew > RIold Then
   Counter4 = Counter4 + 1
```

```
    Label4.Caption = Str$(Counter4)
  End If
  DCDold = DCDnew
  DSRold = DSRnew
  CTSold = CTSnew
  RIold = RInew
End Sub
```

Listing 5.2: Impulszähler mit vier Eingängen (Counter2.vbp).

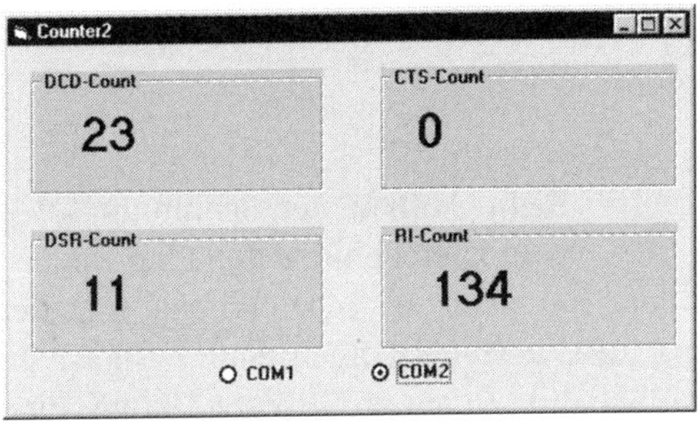

Abbildung 5.8: Der vierfache Zähler Counter2.

5.5 Ein Impulsgenerator

Die Experimentierplatine erlaubt den Aufbau eines kleinen Transistor-Blinkers, dessen Impulse direkt von einem Programm gezählt werden können. Dies ermöglicht interessante Versuche sowohl zur Schaltungstechnik als auch zur Software.

Der Transistor-Blinker ist ein üblicher Multivibrator mit einigen kleinen Besonderheiten. Die Schaltung wurde so ausgelegt, dass man mit der geringsten Anzahl an Bauteilen auskommt und alles gut auf die kleine Platine passt. Aus diesem Grunde ist die LED ohne einen Vorwiderstand angeschlossen. Die interne Strombegrenzung des Ausgangs TxD sogt dafür, dass der Diodenstrom nicht zu groß wird. Man dürfte die Schaltung in dieser Form aber nicht an einer anderen Stromquelle betreiben. Für den Betrieb an einer 9-V-Batterie wäre z.B. noch ein zusätzlicher Vorwiderstand von 470 Ω erforderlich.

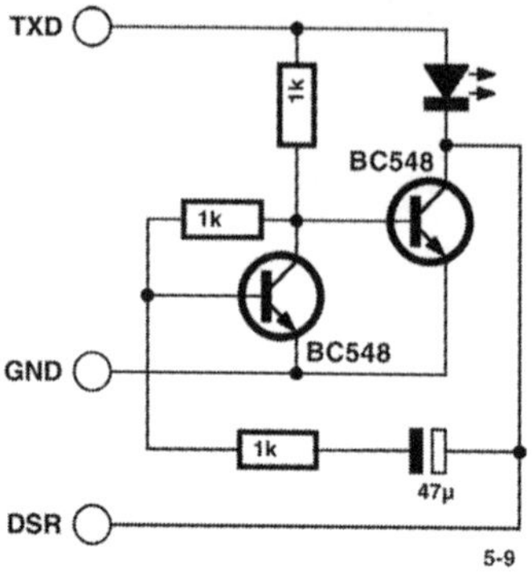

Abbildung 5.9:
Ein Transistoroszillator/Blinker.

Die Schaltung besteht im Wesentlichen aus zwei direkt gekoppelten Emitterstufen, wobei der Kollektorwiderstand der ersten Stufe zugleich der Basiswiderstand der zweiten Stufe ist. Der Basiswiderstand der ersten Stufe ist mit 1 kΩ auffällig klein, was für die korrekte Funktion der Schaltung von großer Bedeutung ist.

Beim Aufbau der Schaltung sollte man zuerst einmal den Elko weglassen. Es soll sich dann eine mittlere Helligkeit der LED ergeben, d.h. der rechte Transistor ist weder ganz durchgesteuert, noch ganz gesperrt. In diesem Zustand hat die gesamte Schaltung eine große Verstärkung. Eine kleine Änderung der Basisspannung des Ersten Transistors führt zu einer erheblichen Änderung des Kollektorstroms des zweiten Transistors. Fügt man nun noch den Kondensator ein, setzen sofort Schwingungen ein, die LED blinkt also. Der Kondensator schließt nämlich einen Rückkoppelzweig vom Ausgang zum Eingang des Verstärkers. Da Phasengleichheit zwischen Eingang und Ausgang besteht, entstehen Schwingungen.

Die Phasengleichheit entsteht hier durch eine zweimalige Phasenumkehr. Bei einem Anstieg der Basisspannung am ersten Transistors steigt auch sein Kollektorstrom. Der Spannungsabfall am Kollektorwiderstand erhöht sich, die Kollektorspannung nimmt also ab. Damit verringert sich auch die Basisspannung des zweiten Transistors und dessen Kollektorstrom. Der Spannungsabfall an der LED nimmt ab, die Kollektorspannung also zu. Also führt insgesamt eine gering ansteigende Eingangsspannung zu einer stark ansteigenden Ausgangsspannung, d.h. es besteht keine Phasendrehung. Wird daher ein Teil des Ausgangssignals auf den Eingang zurückgeführt, kippt die Schaltung ganz in einen Zustand. Da hier die Rückkopplung über einen Kondensator erfolgt, hält ein stabiler Zustand immer nur so lange an, wie noch ein ausreichender Ladestrom fließt. Danach kippt die Schaltung in den entgegengesetzten Zustand. Der Widerstand in Reihe zum Elko ist nicht unbedingt erforderlich. Er hilft hier aber, ein fast ausgeglichenes Impuls-/Pausenverhältnis zu erreichen.

Die Schaltung kommt mit besonders wenigen Bauteilen aus, weil die beiden Transistorstufen direkt gekoppelt sind. Dabei ist es aber nicht immer ganz einfach, einen geeigneten Arbeitspunkt einzustellen, der ein sicheres Anschwingen ermöglicht. Wie bereits gesagt, muss dazu ein mittlerer Arbeitsstrom vorhanden sein. Da aber wenige Millivolt am Eingang genügen, den Arbeitspunkt entscheidend zu verschieben, ist die Einstellung etwas kritisch. Hier hilft die starke Gegenkopplung am ersten Transistor. Der Basiswiderstand ist zum Kollektor geführt. Eine Erhöhung der Kollektorspannung führt also zu einer höheren Basisspannung und damit zu einem größeren Kollektorstrom. Da nun der Spannungsabfall am Kollektorwiderstand ansteigt, wird der ursprünglichen Erhöhung der Kollektorspannung entgegengewirkt. Es ergibt sich also ein stabilisierender Effekt.

Für die Schaltung wählt man zwei gleiche Transistoren z.B. vom Typ BC548. Der Stromverstärkungsfaktor ist typisch etwa 500-fach. Geht man von einem Kollektorstrom von ca. 10 mA aus, ergibt sich ein Basisstrom von ca. 20 µA. Daraus folgt ein Spannungsabfall von rund 20 mV am Basiswiderstand von 1 kΩ. Man kann also davon ausgehen, dass die Kollektorspannung des linken Transistors nur etwa 20 mV über der Basisspannung liegt. Für einen Transistor gilt aber in weiten Bereichen seines Kollektorstroms, dass eine um etwa 20 mV höhere Basisspannung den Kollektorstrom verdoppelt (vgl. [4]). Daraus folgt für zwei gleiche Transistoren, dass der rechte Transistor einen etwa doppelt so großen Kollekorstrom hat wie der linke. Und dies ist eine ausreichende Bedingung für einen stabile Arbeitspunkt der Schaltung. Auch die üblichen kleinen Differenzen zwischen den Daten verschiedener Transistoren des gleichen Typs können hier nicht verhindern, dass die Schaltung sicher schwingt. Der Innenwiderstand der Stromversorgungsleitung TxD sorgt hier übrigens für eine weitere Gegenkopplung, was die Schwingsicherheit noch weiter erhöht.

Eine ähnliche Schaltung wird übrigens im weiteren Verlauf des Buches für eine ernsthafte Aufgabe eingesetzt, nämlich als Infrarot-Sendemodulator für eine Fernbedienung (vgl. Kap 9.3) und zur Übertragung von Textdaten (vgl. Kap. 10.5).

Die einfache Multivibrator-Schaltung ist ein interessantes Studienobjekt sowohl für die Elektronik, als auch für die Programmiertechnik. Man kann nämlich durch geringe Änderungen an den Bauteilen, vor allem des Kondensators, die Frequenz in weiten Grenzen verschieben. Dabei lassen sich Gesetzmäßigkeiten untersuchen und zugleich die Grenzen der zeitlichen Auflösung von Zählprogrammen ausprobieren. Interessant ist auch die Frage, bis zu welcher Impulsgeschwindigkeit man das Blinken der LED mit dem Auge direkt wahrnehmen kann. Ein sehr schnelles Blinken kann übrigens immer noch durch eine Art Stroboskopeffekt sichtbar gemacht werden. Wenn man die ganze Schaltung an ihrem Kabel schnell hin und her bewegt, löst sich das scheinbare Dauerleuchten für das Auge doch wieder in Einzelimpulse auf. Mit dem einfachen Impulszähler kann bei nicht zu großen Geschwindigkeiten auch die Frequenz gemessen werden. Man zählt dazu mit einer Stoppuhr z.B. zehn Sekunden lang alle Eingangsimpulse und teilt das Ergebnis durch 10. So erhält man die Frequenz in Hertz.

5.6 Frequenzmessung

Bei der Untersuchung des Multivibrators stößt man schnell an die Grenzen des einfachen Impulszählers aus Kapitel 5.3. Die maximale Arbeitsgeschwindigkeit wurde ja schon mit etwa 5 Impulsen pro Sekunde festgestellt. Das liegt vor allem daran, dass in der Timerprozedur nur eine einzige Abfrage des Eingangszustands vorgenommen wurde.

Für eine echte Frequenzmessung muss man anders vorgehen. Nun müssen die Abfragen des Eingangszustands mit maximaler Geschwindigkeit erfolgen. Zugleich muss die Zeit gemessen werden, weil jede Frequenzmessung eine definierte Torzeit benötigt. Üblich ist oft eine Torzeit von einer Sekunde. Man zählt also genau eine Sekunde lang alle Eingangsimpulse und erhält damit die Frequenz in Hertz. Listing 5.3 zeigt das Messprogramm Counter3.

```
Private Sub Form_Load()
 i = OPENCOM("COM2,1200,N,8,1")
 If i = 0 Then
    i = OPENCOM("COM1,1200,N,8,1")
    Option1.Value = True
 End If
 If i = 0 Then MsgBox ("COM Interface Error")
 TXD 1
 RTS 1
 DTR 1
 Timer1.Interval = 1500
End Sub

Private Sub Form_Unload(Cancel As Integer)
  CLOSECOM
End Sub

Private Sub Option1_Click()
 i = OPENCOM("COM1,1200,N,8,1")
 If i = 0 Then MsgBox ("COM1 not available")
 TXD 1
 RTS 1
 DTR 1
End Sub

Private Sub Option2_Click()
 i = OPENCOM("COM2,1200,N,8,1")
 If i = 0 Then MsgBox ("COM2 not available")
 TXD 1
 RTS 1
 DTR 1
End Sub

Private Sub Timer1_Timer()
  TIMEINIT
  Counter = 0
  While TIMEREAD < 1000
    DSRNew = DSR()
    If DSRNew > DSRold Then Counter = Counter + 1
  DSRold = DSRNew
  Wend
  Label1.Caption = Str$(Counter) + "  Hz"
End Sub
```

Listing 5.3: Messung der Frequenz (Counter3.vbp).

Abbildung 5.10: *Anzeige der Frequenz.*

Genauere Untersuchungen an diesem Programm zeigen, dass sich bis zu einer Frequenz von etwa 1000 Hz einigermaßen gleich bleibende Ergebnisse ergeben. Allerdings wird die Frequenz um etwa 10 % zu tief angezeigt. Dies deutet darauf hin, dass Windows gleichzeitig noch andere Prozesse bearbeitet. Man kann die Genauigkeit der Frequenzmessung jedoch noch erheblich heraufsetzen. Die PORT.DLL enthält dazu die Prozedur REALTIME. Man erreicht damit eine höhere zeitliche Zuverlässigkeit der Zählung. Die veränderte Zählroutine sieht nun so aus:

```
Private Sub Timer1_Timer()
  REALTIME True
  TIMEINIT
  Counter = 0
  While TIMEREAD < 1000
    DSRNew = DSR()
    If DSRNew > DSRold Then Counter = Counter + 1
  DSRold = DSRNew
  Wend
  REALTIME False
  Label1.Caption = Str$(Counter) + " Hz"
End Sub
```

Listing 5.4: *Verbesserung der Grenzfrequenz in Counter4.frm.*

Abbildung 5.11:
Messung höherer Frequenzen mit REALTIME.

Die verbesserte Version des Frequenzzählers erreicht mit einem PC mit 300 MHz nun eine zuverlässige Messung bis etwa 15 kHz. Die Wirkung des REALTIME-Aufrufs wird später im Buch noch genauer untersucht.

6. Analogwertmessungen

In den bisherigen Kapiteln wurde der PC für rein digitale Aufgaben eingesetzt: Schalten, Abfragen und Zählen. Nun aber soll es etwas analoger werden. Ein Programm soll nicht nur Ja und Nein, sondern auch größer und kleiner unterscheiden lernen.

Wenn man einfach eine beliebige Spannung an einen Eingang der seriellen Schnittstelle legt, wird sie entweder als logische Null oder Eins gelesen. Der PC kann aber nicht genauer erkennen, wie groß die Spannung ist. Verwendet man einen Widerstand zwischen einen hochgesetzten Ausgang und einem Eingang, dann ist es ähnlich. Der Widerstand ist entweder klein genug, um einen eindeutigen Eins-Zustand am Eingang zu erzeugen, oder eben nicht. Wenn man es genauer wissen will, muss man sich ein anderes Verfahren einfallen lassen.

6.1 Messung von Zeiten

Was ein Computer besonders gut kann, ist Zählen. Damit gelingt auch eine Zeitmessung. Ein Programm zählt einfach die verstrichenen Sekunden oder Millisekunden, bis ein bestimmtes Ereignis eintritt, also z.B. bis ein Eingang eingeschaltet wird. Wenn man eine analoge Größe wie z.B. einen Widerstand über eine Zeitmessung erfassen kann, dann ist sie mit einem Computer leicht zu messen. Dies trifft aber z.B. auf ein R-C-Glied zu. Abb. 6.1 zeigt das Verhalten eines Kondensators (C), der über einen Widerstand (R) geladen und wieder entladen wird.

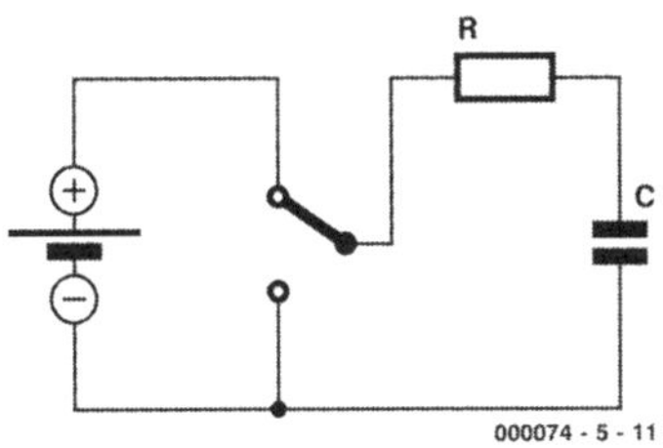

Abbildung 6.1: *Laden und Entladen eines Kondensators.*

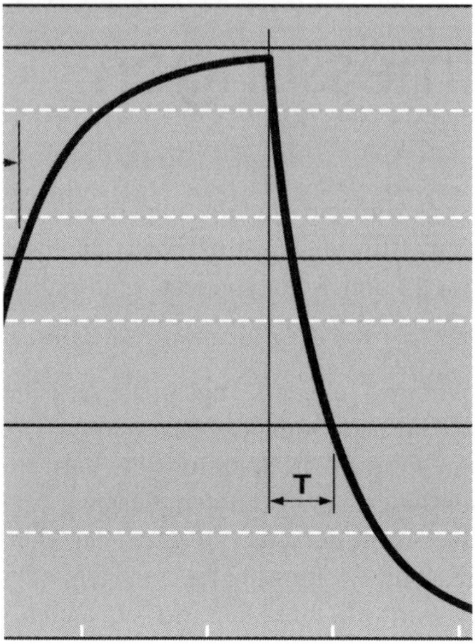

Abbildung 6.2: *Lade- und Entladekurven und Definition der Zeitkonstanten T.*

Allgemein ordnet man einem RC-Glied eine Zeitkonstrante T zu.

$T = R \cdot C.$

T ist dabei die Zeit, in der sich der Kondensator auf 63,2% (= 1–1/e) seiner Endspannung geladen hat. Das Ganze hat mit der exponentiellen Ladefunktion zu tun, die man in Abb. 6.2 sehen kann. Aber zu tief soll hier nicht auf die Physik eingegangen werden. Es reicht zu wissen, dass die Ladezeit bis zu einer gegebenen Spannung streng proportional zur Kapazität und zum Widerstand ist. Für einen Kondensator mit 100 µF und einen Widerstand mit 1 kΩ gilt:

$T = 1000\ \Omega \cdot 0{,}0001\ F = 0{,}1\ s = 100\ ms$

Eine Verdoppelung des Widerstands würde zu einer Verdoppelung der Ladezeit führen. Das selbe Ergebnis hätte eine Verdoppelung der Kapazität des Kondensators. Man kann also die Ladezeit messen und daraus eine der beiden Größen R oder C bestimmen, wenn die andere bekannt ist. Alles was man dazu braucht, ist ein Programm, das den Umschalter in Abb. 6.1 betätigt. Abb. 6.3 zeigt eine einfache Schaltung. Der Kondensator liegt hier mit gutem Grund nicht an Masse, sondern an der Leitung TxD. Wenn ein Elektrolytkondensator verwendet werden soll, darf er nur in einer Richtung aufgeladen werden. Solange TxD auf –10V liegt, ist dies immer gegeben.

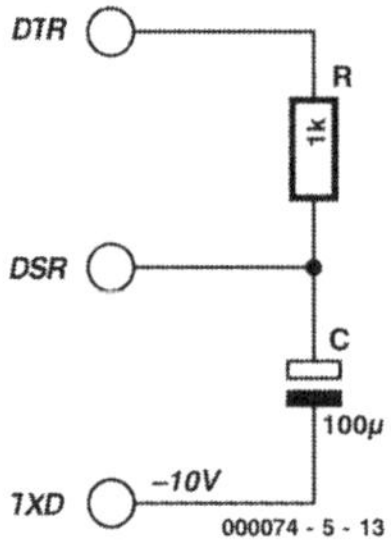

Abbildung 6.3: *Automatisches Laden am PC.*

Die Schaltung lädt und entlädt den Kondensator über DTR und verwendet die Leitung DSR als Eingang, um das Erreichen einer bestimmten Spannung zu beobachten. Es handelt sich hier um die Schaltschwelle des Eingangs mit ca. 1,5 V. Wenn man diese Schwelle auf den gesamten Spannungsbereich von –10 V bis + 10 V bezieht, liegt die Schwelle bei 11,5V/20V = 0,575 = 57,5% der Endspannung. Dass dieser Wert etwas von den 63,2% abweicht, für den die Zeitkonstante gilt, ist erst einmal nicht so tragisch, denn dabei entsteht ein Fehler, der für alle Fälle gleich ist und wieder herausgerechnet werden kann. Außerdem gibt es noch andere Fehlerquellen, die noch diskutiert werden.

```
Private Sub Form_Load()
 i = OPENCOM("COM2,1200,N,8,1")
 If i = 0 Then
    i = OPENCOM("COM1,1200,N,8,1")
    Option1.Value = True
 End If
 If i = 0 Then MsgBox ("COM Interface Error")
 TXD 0
 RTS 0
 DTR 0
 Counter1 = 0
 Timer1.Interval = 2000
End Sub

Private Sub Form_Unload(Cancel As Integer)
  CLOSECOM
 End Sub

Private Sub Timer1_Timer()
  DTR 1
  TIMEINIT
  While (DSR() = 0) And (TIMEREAD() < 1501)
    DoEvents
  Wend
    Label1.Caption = Str$(TIMEREAD()) + " ms"
  DTR 0
End Sub
```

Listing 6.1: *Messung der Zeitkonstanten in Millisekunden (C1.vbp).*

Die eigentliche Zeitmessung erfolgt in einer While-Schleife. Sie wird so lange durchlaufen, bis entweder DSR als gesetzt erkannt wird oder die Zeitmessung mehr als 1,5 Sekunden ergibt (Timeout-Bedingung). In der Messschleife steht der Befehlt DoEvents. Damit wird Windows die Möglichkeit gegeben, auf alle anfallenden Ereignisse zu reagieren. Man kann daher während der Messung weiterhin mit der Maus arbeiten und Programme steuern, z.B. auch das laufende Programm selbst abbrechen. Dies ist für den Bedienungskomfort sehr gut, vor allem wenn ein Fehler im Aufbau eine korrekte Funktion des Programms verhindert. Allgemein muss man sich bei der Programmierung von Schleifen immer Gedanken machen, wie die Schleife im Notfall wieder zu verlassen ist. Sonst landet man irgendwann in der Endlosschleifenfalle und muss den PC mit dem Netzschalter oder dem berühmten Affengriff Alt-Strg-Enf befreien. Manchmal reicht in solchen Fällen auch die Tastenkombination Strg-Pause. Mit DoEvents in einer Schleife ist man auf der sicheren Seite. Aber dies kostet natürlich auch etwas an zeitlicher Zuverlässigkeit. Diese Sicherheit bringt eine Streuung der Messwerte im Bereich von 1 bis 3 Millisekunden mit sich.

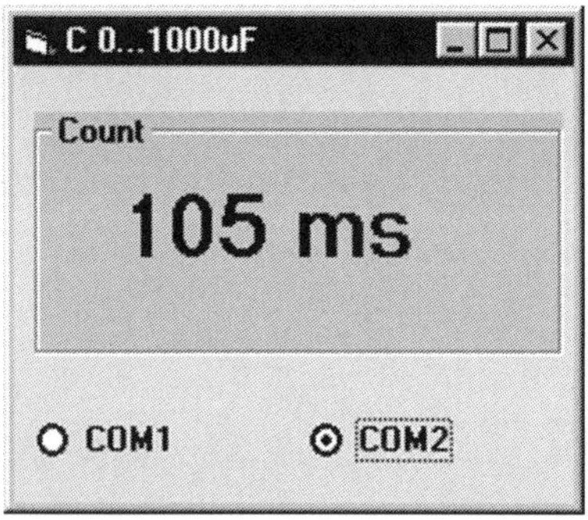

Abbildung 6.4: Messung bei 100 µF und 1 kΩ.

6.2 Kapazitätsmessung

Wenn man nun die Einheit „ms" im Programm durch „µF" ersetzt, liegt man gar nicht so verkehrt. Wie oben gezeigt wurde, zeigt ein Kondensator von 100 µF zusammen mit einem Widerstand von 1 kΩ eine Zeitkonstante von 100 ms. Entsprechend bringen 10 µF es auf 10 ms. Man kann das einmal ausprobieren, indem man mehrere Kondensatoren aus der Bastelkiste anschließt. Man stellt meist relativ große Abweichungen vom aufgedruckten Wert fest. Aber dies liegt z.T. auch an den sehr großen Toleranzen von bis zu 50 % bei Elkos. Außerdem kann ein Elko seine Kapazität bei längerer Lagerung verändern.

Wenn man sehr große Elkos von z.B. 1000 µF verwendet, wird die Messung ungenauer, die Werte werden erheblich zu klein angezeigt. Der Grund dafür liegt im Programm. Ein Kondensator, der aufgeladen wird, muss auch wieder entladen werden. Dafür benötigt er aber ebenfalls Zeit. Das Programm verwendet einen Timer, der auf 2 Sekunden eingestellt ist. Eine Sekunde wird schon zum Aufladen bis zur Schaltschwelle gebraucht. Die verbleibende Sekunde reicht aber nicht aus, um den Kondensator vollständig zu entladen. Daher benötigt das nächste Aufladen weniger Zeit. Hier gibt es allerdings ein einfaches Mittel: Eine Diode beschleunigt die Entladung. Abb. 6.5 zeigt den Anschluss. Mit dieser Schaltungsänderung lassen sich Kondensatoren bis etwa 1500 µF gut messen. Noch größere Werte sind möglich, wenn man sich viel Zeit lässt und das Programm entsprechend verändert. Dazu muss der Timeout-Wert in der Messprozedur vergrößert werden und das Timer-Intervall muss verlängert werden, sodass man entsprechend lange auf ein neues Messergebnis warten muss.

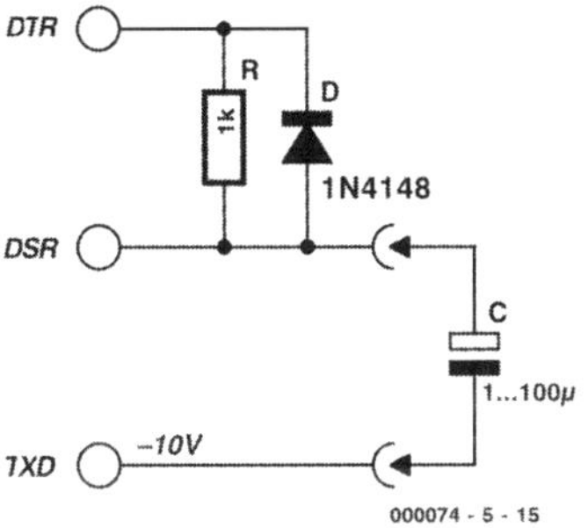

Abbildung 6.5: *Das verbesserte Kondensator-Messgerät.*

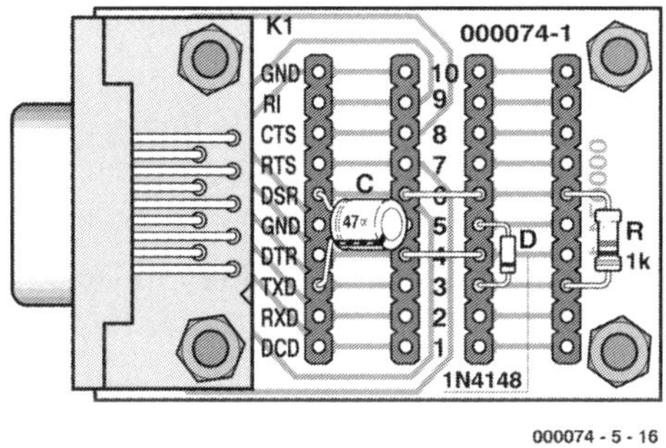

Abbildung 6.6: *Der praktische Aufbau der Schaltung.*

6.3 Verbesserung der Auflösung

Mancher wird sich nun fragen: Geht es eigentlich auch mit kleineren Kondensatoren als 1 Mikrofarad? Im Prinzip könnte man den Ladewiderstand vergrößern. Allerdings bekommt man dann einen anderen Fehler stärker zu spüren: Der Eingangswiderstand der Leitung DSR von etwa 3 kΩ verfälscht das Ergebnis ebenfalls und zwar um so stärker, je größer der verwendete Ladewiderstand ist. Dagegen hilft eigentlich nur noch Elektronik, z.B. in Form eines Operationsverstärkers (vgl. [4]), der einen großen Eingangswiderstand besitzt. Aber so weit wollen wir es hier nicht treiben. Viel interessanter ist es, mit den gegebenen Einschränkungen sinnvoll umzugehen und eine Verbesserung durch Software anzustreben.

Diese Verbesserung gibt es auch. Man kann nämlich einen Timer mit einer Auflösung von einer Mikrosekunde verwenden. Damit ist die Auflösung der Kapazitätsmessung um das tausendfache gesteigert, man kann also Nanofarad messen. Die PORT.DLL hat für diesen Zweck die Funktionen TIMEINITUS und TIMEREADUS, wobei US für Mikrosekunden (µs) steht. Diese DLL-Funktionen werden in Listing 6.2 verwendet.

Wenn es um Mikrosekunden geht, muss man aber auch die zeitliche Genauigkeit von Windows unter die Lupe nehmen. Prinzipiell können andere, parallel laufende Prozesse die Messprozedur unterbrechen und damit eine große Ungenauigkeit verursachen. Man kann aber vorübergehend eine höhere Priorität anfordern. Dazu gibt es eine spezielle Prozedur in der PORT.DLL. Mit REALTIME (True) holt man sich eine höhere Zuverlässigkeit. Aber man darf nicht vergessen, nach der Messung REALTIME (False) einzusetzen. Wie genau es damit wird, hängt auch vom verwendeten PC ab. Mit einem Pentium-MMX-200 wurden Streuungen von etwa 50 µs gemessen. Bei einem schnelleren PC kann es genauer werden. Führt man übrigens das gleiche Verfahren in Delphi durch, dann ist die zeitliche Zuverlässigkeit etwas 20 mal besser (vgl. [3]). Eigentlich ist es schon fast ein Wunder, dass eine Interpretersprache wie Visual Basic überhaupt eine solche zeitliche Zuverlässigkeit erreicht.

Bei dieser Änderung des Programms soll zugleich auch eine bessere Grundgenauigkeit angestrebt werden. Bisher wurden schon zwei Fehlerquellen für die einfache Lösung mit t/ms = C/µF gezeigt, die etwas zu niedrige Schaltschwelle und der Innenwiderstand des Eingangs. Es gibt aber noch einen dritten Fehler: Der Ausgang DTR ist kein idealer Umschalter zwischen –10 V und + 10 V, sondern er hat auch einen Innenwiderstand, der ja schon einmal grob mit 430 Ω bestimmt wurde. Damit müsste man eigentlich einen Ladewiderstand von 1430 Ω berücksichtigen. Allerdings ist der Innenwiderstand auch noch nicht-linear vom Strom abhängig. Außerdem hat auch die Leitung TxD einen Innenwiderstand, wodurch die Kondensatorspannung insgesamt etwas angehoben wird. Damit ist die Sache endgültig zu kompliziert, um sie noch mathematisch zu lösen. Und deshalb soll hier etwas versucht werden, was auch erfahrene Ingenieure einer aufwendigen Berechnung vorziehen: Probieren, Vergleichen, Korrigieren. Alle Fehler zusammen werden einfach in einen Korrekturfaktor F gepresst, den man mit einer Vergleichsmessung finden kann. Dazu braucht man nur einen genauen Kondensator, oder einen, den man mit einem guten Messgerät ausmessen kann. Dann wird der Korrekturfaktor so lange angepasst, bis die Messung stimmt. Dies wurde am PC des Autors durchgeführt. Den so gewonnenen Korrekturfaktor (F = 1,19) kann natürlich jeder verwenden. Aber je nach PC können sich geringe Abweichungen zeigen, die man nur verringern kann, indem man den Faktor individuell anpasst.

```
Private Sub Timer1_Timer()
  F = 1.19
  DTR 1
  REALTIME (True)
  TIMEINITUS
  While (DSR() = 0) And (TIMEREADUS() < 1500000)
  Wend
  T = TIMEREADUS() * F
  REALTIME (False)
  T = Int(T)
  Label1.Caption = Str$(T) + " nF"
  DTR 0
 End Sub
```

Listing 6.2: *Änderungen im Programm C2.vbp.*

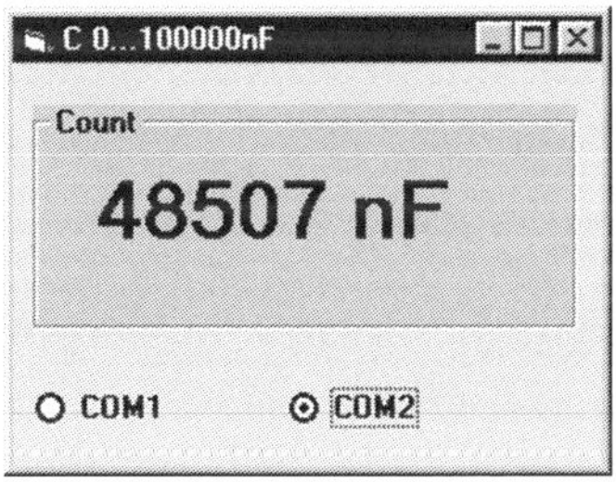

Abbildung 6.7: *Anzeige der Kapazität in nF.*

6.4 Widerstandsmessung

Mit dem gleichen Verfahren kann man aber auch Widerstände messen. Ähnlich funktioniert übrigens auch die Potimessung in jeder PC-Gamekarte. Die Schaltung des Widerstands-Messgeräts ähnelt grundsätzlich der vorgestellten Anwendung des Kondensatormessgeräts. Diesmal wird allerdings mit einem festen Kondensator und einem veränderlichen Widerstand gearbeitet.

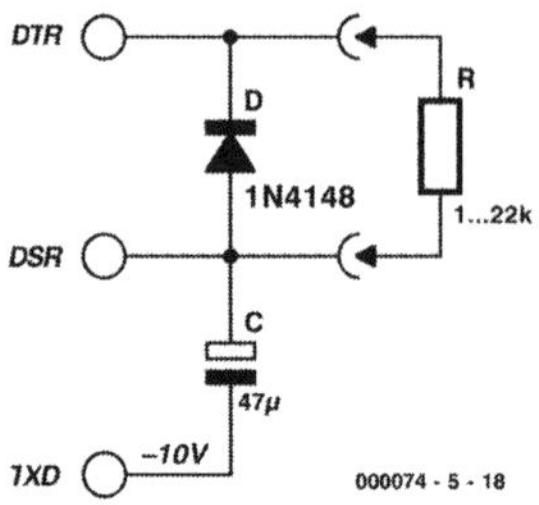

Abbildung 6.8: Messung eines Widerstands.

Zur Überprüfung der Schaltung wird zuerst ein Messprogramm für die Ladezeit mit möglichst hoher Genauigkeit verwendet. Hier kommt wieder das Messverfahren zum Einsatz, das bereits bei der Messung kleiner Kapazitäten verwendet wurde. REALTIME (true) sorgt für die hohe zeitliche Zuverlässigkeit.

```
Private Sub Timer1_Timer()
 DTR 1
  REALTIME (True)
  TIMEINITUS
  While (DSR() = 0) And (TIMEREADUS() < 1500000)
  Wend
  t = TIMEREADUS()
  REALTIME (False)
  Label1.Caption = Str$(t) + " us"
  DTR 0
 End Sub
```

Listing 6.3: Messung der Ladezeit in Mikrosekunden (T1.vbp).

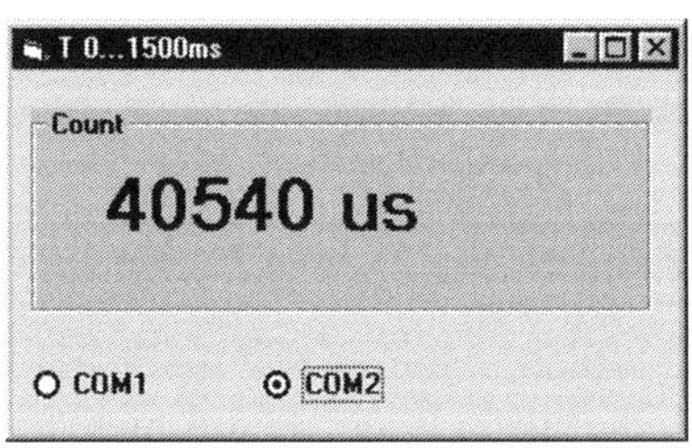

Abbildung 6.9: Messung der Ladezeit mit einer Auflösung von Mikrosekunden.

Die Schaltung wurde mit Metallschichtwiderständen mit einer angegebenen Genauigkeit von 1 % überprüft. Messungen mit einem genauen Ohmmeter zeigen für solche Widerstände meist wesentlich bessere Genauigkeiten. Eine erste Messreihe mit C = 47 µF ergab folgende Werte:

R/kΩ	T/ms
0	33,7
0,1	34
0,22	34,5
0,56	37,9
1	45,5
2,2	76,3
4,7	147,5
6,8	204,9
8,2	245,9
10	294,6
15	433,7

Man sieht den Zahlen schon an, dass es sich um keinen streng linearen Zusammenhang handelt. Eine genaue Beurteilung der Linearität ermöglicht nur ein Diagramm. Eine Auswertung mit Excel ergab die Kurve nach Abb. 6.10. Man erkennt eine gute Linearität zwischen etwa 2,2 kΩ und 10 kΩ.

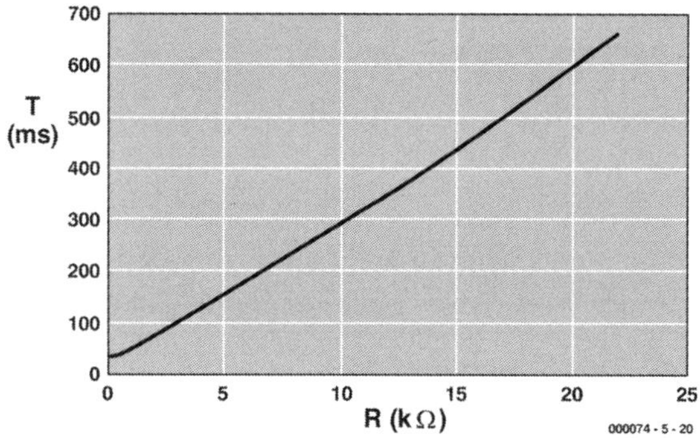

Abbildung 6.10: Die Ladezeit aufgetragen gegen den Ladewiderstand.

Die Ursachen für die Abweichung von der idealen, linearen Kurve sind dieselben, die bereits bei der Kapazitätsmessung gefunden wurden. Bei sehr kleinen Ladewiderständen kommt es zu einer Verfälschung durch den nicht-linearen Innenwiderstand des Leitungstreibers am Ausgang DTR. Bei großen Widerständen über ca. 22 kΩ führt der geringe Eingangswiderstand des DSR-Anschlusses zu einem Fehler.

Die gewonnenen Daten lassen sich in eine Geradengleichung umsetzen, mit der sich der Widerstand in guter Näherung bestimmen lässt. Listing 6.4 zeigt die Messprozedur für den Widerstand. Die eigentliche Umrechnung lautet:

$$R = 2200 + 7800 \cdot (T - 76300) / (294600 - 76300)$$

Mit dieser Formel wurde eine gute Messgenauigkeit von ca. 1 % im Bereich von 1,5 kΩ bis 15 kΩ erreicht. Dabei muss man aber bedenken, dass diese an einem PC bestimmte Funktion nicht mit gleicher Genauigkeit auf andere Fälle übertragbar ist. Es lohnt sich, für den eigenen PC die entscheidenden Messungen und Umrechnungen erneut durchzuführen. Es reicht dabei eigentlich aus, die Verzögerung für zwei Widerstände von 2,2 kΩ und 10 kΩ zu bestimmen und in die Formel einzusetzen. Falls jemand diese Arbeit scheut, kann er es sich auch etwas einfacher machen. Wenn man nämlich überlegt, wo die wichtigsten Fehlerquellen liegen, kommt man gleich auf den Elko. Elkos zeigen ja bekanntlich erhebliche Abweichungen im Vergleich zur aufgedruckten Kapazität. Damit wird die Ladezeit für einen gegebenen Widerstand erheblich verändert. Passt man nur einen Korrekturfaktor in der Zeile

$$T = T \cdot 1.0000000001$$

an, dann werden einige andere Fehler gleich mit herausgerechnet, und man erhält ein einigermaßen brauchbares Ergebnis. Je nach Abweichung muss hier ein Wert größer oder kleiner als Eins eingetragen werden.

```
Private Sub Timer1_Timer()
  DTR 1
  REALTIME (True)
  TIMEINITUS  While (DSR() = 0) And (TIMEREADUS() < 1500000)
  Wend
  T = TIMEREADUS()
  T = T * 1.0000000001
  R = 2200 + 7800 * (T - 76300) / (294600 - 76300)
  REALTIME (False)
  R = Int(R)
  Label1.Caption = Str$(R) + " Ohm"
  DTR 0
 End Sub
```

Listing 6.4: Bestimmung des Ladewiderstands (R1.vbp).

Abbildung 6.11: Messung an einem Widerstand von 15 kΩ.

7. Messungen mit Sensoren

Im letzten Kapitel wurden Kondensatoren und Widerstände gemessen. Falls sich jemand gefragt hat, ob sich der Aufwand eigentlich lohnt, wo es doch preiswerte und genaue Digital-Multimeter gibt, dann sollte er an die möglichen Erweiterungen denken. Es gibt zahlreiche Sensoren, die über ihren Widerstand abgefragt werden können.

7.1 Lichtmessung

Am eindrucksvollsten ist die Verwendung eines lichtabhängigen Widerstands (LDR). Abb. 7.1 zeigt den Aufbau eines einfachen Licht-Messgeräts. Hier möchte man oft die zeitlichen Änderungen beobachten. Und dazu eignet sich am besten ein Diagramm.

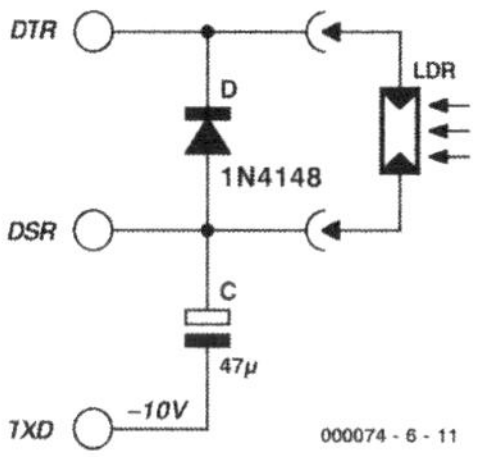

Abbildung 7.1: *Messung an einem lichtabhängigen Widerstand.*

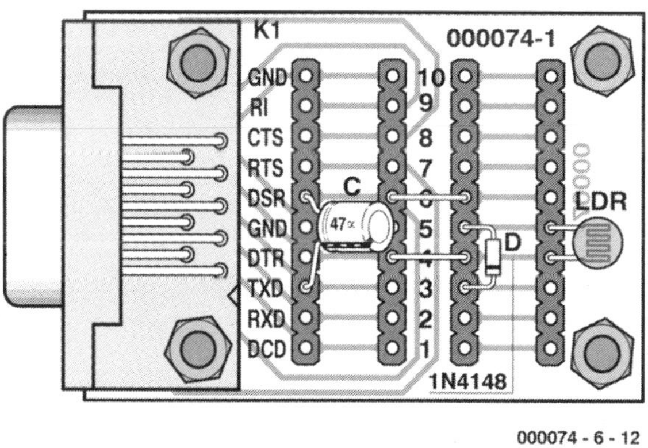

Abbildung 7.2: *Aufbau des LDR-Messgeräts.*

Um ein Diagramm auf dem Bildschirm mit Visual Basic zu erzeugen, benötigt man zunächst einmal eine Picture-Box. Diese zieht man sich aus der Werkzeugleiste in das Formular. Nun ist es sehr wichtig, die genaue Größe einzustellen und zu kennen. Visual Basic verwendet unterschiedliche Skalierungen. Hier soll in Pixeln gemessen werden. Die Eigenschaft ScaleMode wird daher auf den Wert „3 - Pixel“ eingestellt. Nun kann das Bild mit der Maus in die geeignete Größe gezogen werden. Für das vorliegende Beispiel Plotter1.frm wurde eine PictureBox mit 300 mal 500 Punkten gewählt.

Mit dem Line-Befehl kann man nun in die Picture-Box zeichnen. Listing 7.1 zeigt ein Beispiel. Das Diagramm wird in 100 Sekunden gefüllt, da die X-Position bei jeder Messung um 5 Pixel weiterrückt. Eine globale Variable n muss speziell deklariert werden, damit die aktuelle Position bei jedem Aufruf der Timer-Prozedur bekannt ist. In Y-Richtung wird R/100 mit einem Maximalwert von 300 (30000 Ω = 30 kΩ) geplottet. Man muss beachten, dass größere Y-Werte weiter unten liegen. In jeder Sekunde wird ein neuer Wert geplottet, wobei jeweils ein Linienelement vom letzten Punkt zum neuen Messpunkt gezeichnet wird. Die alten Koordinaten müssen dazu gespeichert bleiben und liegen daher ebenfalls als globale Variablen vor.

```
Dim y1, y2, x1, x2, n
 Private Sub Form_Load()
 i = OPENCOM("COM2,1200,N,8,1")
 If i = 0 Then
    i = OPENCOM("COM1,1200,N,8,1")
    Option1.Value = True
 End If
 If i = 0 Then MsgBox ("COM Interface Error")
 TXD 0
 RTS 0
 DTR 0
 Counter1 = 0
 Timer1.Interval = 1000 n = 0
 End Sub

Private Sub Form_Unload(Cancel As Integer)
  CLOSECOM
 End Sub

Private Sub Option1_Click()
 i = OPENCOM("COM1,1200,N,8,1")
 If i = 0 Then MsgBox ("COM1 not available")
 End Sub
```

```
Private Sub Option2_Click()
 i = OPENCOM("COM2,1200,N,8,1")
 If i = 0 Then MsgBox ("COM2 not available")
 End Sub

Private Sub Timer1_Timer()
  DTR 1
  REALTIME (True)
  TIMEINITUS  While (DSR() = 0) And (TIMEREADUS() < 900000)
  Wend
  T = TIMEREADUS()
  DTR 0
  T = T * 0.932
  R = 2200 + 7800 * (T - 76300) / (294600 - 76300)
  REALTIME (False)
  R = Int(R)
  Label1.Caption = Str$(R) + " Ohm"
  y2 = 300 - R / 100
  If n = 0 Then y1 = y2
  x1 = n
  n = n + 5
  x2 = n
  Picture1.Line (x1, y1)-(x2, y2)
  y1 = y2
 End Sub
```

Listing 7.1: *Der Widerstands-Plotter (Plotter1.vbp).*

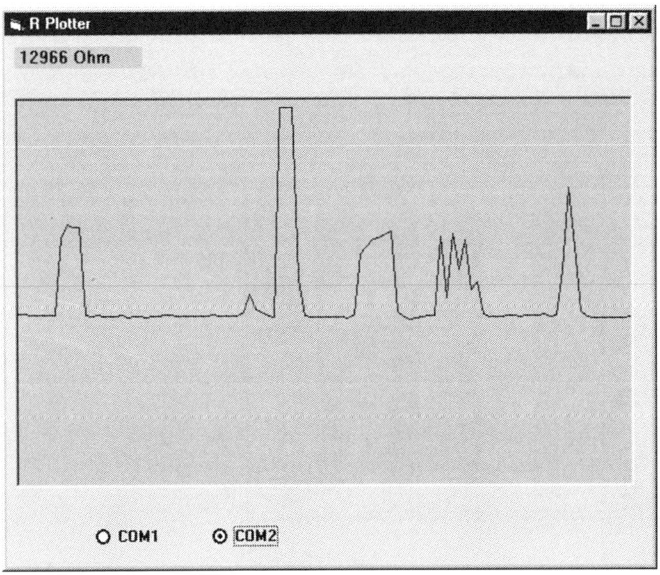

Abbildung 7.3: *Eine Messung mit dem LDR.*

7.2 Hautwiderstand

Ein weiterer interessanter Sensor ist die eigene Haut. Zwei blanke Drähte werden um zwei Finger gewunden. Der Hautwiderstand ist keine konstante Größe, sondern er ändert sich mit der Hautfeuchtigkeit. Man kann damit einen einfachen Lügendetektor realisieren. Wer lügt, der schwitzt. Man erkennt dies an einem geringeren Widerstand. Das Problem ist nur, dass der Hautwiderstand wesentlich über dem maximalen Messwiderstand für die Schaltung liegt. Deshalb benötigt man einen Transistor zur Verstärkung.

Ein NPN-Transistor verstärkt den geringen Strom durch die Haut. Auf diese Weise funktioniert der einfache AD-Wandler auch mit dem relativ hohen Hautwiderstand. Der Messeingang ist mit zwei zusätzlichen Widerständen abgesichert, sodass der Widerstand auch bei einem direkten Kontakt der Drähte nicht zu klein wird. Der gemessene Widerstand hängt von der Größe der Kontaktfläche zum Draht und von der Feuchtigkeit der Haut ab. Das Ergebnis lässt sich mit dem Widerstands-Plotter beobachten.

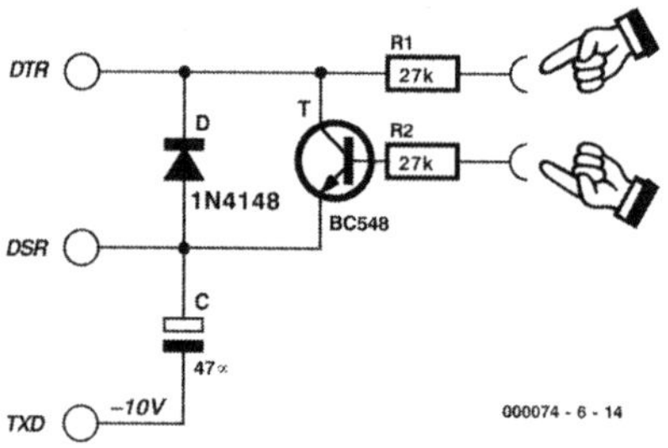

Abbildung 7.4: *Ein Messverstärker für den Hautwiderstand.*

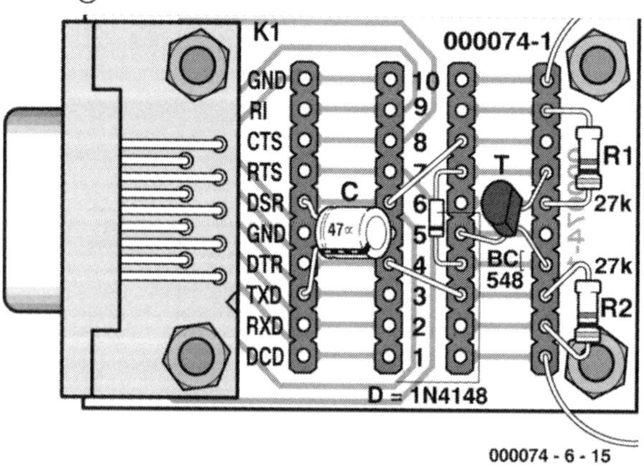

Abbildung 7.5: *Messung des Hautwiderstands.*

7.3 Temperaturmessung

Auch Temperaturmessungen lassen sich mit dem Widerstands-Messgerät durchführen. Was liegt näher als einen NTC-Widerstand mit 10 kΩ zu verwenden, um ein sehr einfaches, aber brauchbares Thermometer zu bauen!

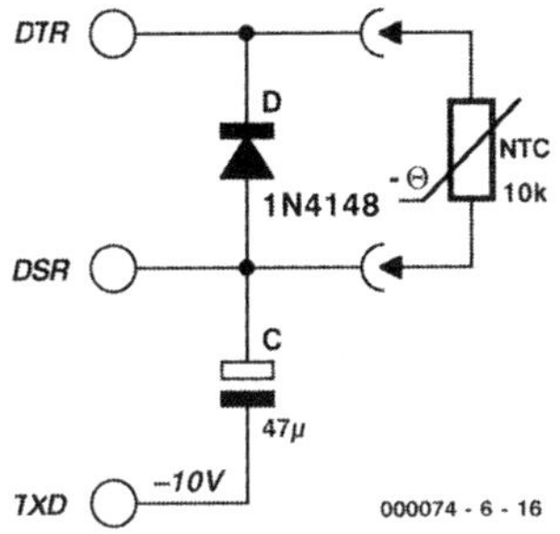

Abbildung 7.6: Anschluss eines NTC-Sensors.

Der Verlauf des Widerstands eines NTC kann mit einer Exponentialkurve angenähert werden. In die Formel ist die absolute Temperatur in Kelvin (t/°C +273) einzugeben. Die Temperaturkonstante B wird vom Hersteller des NTC angegeben und weist typische Werte zwischen 2000 und 5000 Kelvin auf. Genauer betrachtet ist auch der B-Wert nicht konstant, sondern steigt etwas mit der Temperatur. Deshalb gibt man oft einen Wert B25/85 an, der aus zwei Messpunkten bei 25°C und bei 85°C bestimmt wurde.

$$R(T) = R_{25} \cdot e^{B \frac{1}{T} - \frac{1}{298\,K}}$$

Ein NTC-Widertand wird also in erster Näherung nur durch zwei Werte beschrieben: Durch den Nennwiderstand R25 und den B-Wert. Für einen Standard-NTC-Widerstand von 10 kΩ, wird ein B-Wert von 4300 K angegeben. Stellt man die angegebene Formel so um, dass die Temperatur vorn steht und in Grad Celsius angegeben wird, erhält man mit R25 = 10 kΩ die folgende Zeile in Visual Basic. Die VB-Funktion „Log" meint den natürlichen Logarithmus, den man sonst eher mit „ln" abkürzen würde.

```
Temp = 1 / (Log(R / 10000) / 4300 + 1 / 298) – 273
```

Im Programm nach Listing 7.2 wird zunächst der Widerstand bestimmt und dann in die Temperatur des NTC-Sensors umgerechnet. Die Ausgabe erfolgt mit einer Nachkommastelle.

```
Private Sub Timer1_Timer()
  DTR 1
  REALTIME (True)
  TIMEINITUS  While (DSR() = 0) And (TIMEREADUS() < 1500000)
  Wend
  T = TIMEREADUS()
  T = T * 1.0000000001
  R = 2200 + 7800 * (T - 76300) / (294600 - 76300)
  REALTIME (False)
  R = Int(R)
  Temp = 1 / (Log(R / 10000) / 4300 + 1 / 298) - 273
  Temp = Int(Temp * 10) / 10
  Label1.Caption = Str$(Temp) + "C"
  DTR 0
 End Sub
```

Listing 7.2: Erweiterung für eine Temperaturmessung (NTC1.vbp).

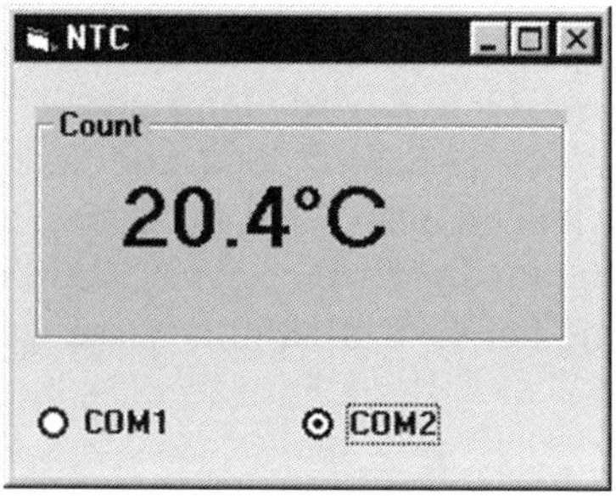

Abbildung 7.7: Anzeige der Temperatur.

Obwohl der deutsche Physiker Gabriel Daniel Fahrenheit schon seit 1736 tot ist, lieben einige Völker auf abgelegenen Inseln es noch heute, ihre Temperatur in Fahrenheit zu messen. Sie müssen aber nur zwei Zeilen ändern, um dieses zu tun:

```
  Temp = 32 + (Temp / 100 * 180)
  Temp = Int (Temp * 10) / 10
  Label1.Caption = Str$(Temp) + " F"
```

Listing 7.3: Umrechnung der Temperatur in Fahrenheit.

8. Spannungsmessung

In den bisherigen Kapiteln wurden AD-Wandler vorgestellt, die auf dem Zählprinzip basieren. Ein „echter“ AD-Wandler setzt aber eine Spannung in einen Zahlenwert um. Die gängige Vorstellung ist, dass es sich dabei um ein IC handeln muss. Dass es aber auch mit sehr viel weniger Aufwand geht, soll hier gezeigt werden.

8.1 Ein AD-Wandler mit einem Transistor

Ein echter AD-Wandler mit Spannungseingang lässt sich mit einem einzigen Transistor aufbauen. Der Transistor arbeitet hier als Komparator, d.h. er vergleicht die Spannung am Kondensator mit einem bestimmten Wert, hier ca. 0,7 V. Der Kondensator wird über einen Widerstand vom Ausgang DTR abwechselnd geladen und entladen, wobei die Spannung immer nahe an der Vergleichsschwelle bleibt. In Abhängigkeit von der Eingangsspannung wird der Ausgang häufiger oder weniger häufig eingeschaltet, um den Sollwert zu erhalten. Das Zählen dieser Zustände liefert den gewandelten Messwert.

Das zugehörige Programm enthält eine Regelschleife, die versucht, die Spannung am Kondensator immer möglichst nahe der Komparatorspannung zu halten. Als Information über die Kondensatorspannung steht nur der Zustand an RI zur Verfügung. Immer wenn die Spannung über der Schaltschwelle des Transistors bei ca. 0,7 V liegt, fließt ein Kollektorstrom, der die Spannung an RI herunterzieht. Umgekehrt führt eine kleine Kondensatorspannung zum Sperren des Transistors und zu einem hochgesetzten Eingang RI. Die Messschleife muss nun die Spannung an DTR genau gegenphasig steuern. Immer wenn die Spannung zu klein ist, wird DTR eingeschaltet, wenn sie zu groß ist, ausgeschaltet, d.h. auf –10 V gelegt. Wichtig ist, dass die Umschaltung in einem genauen Zeitraster passiert, z.B. nach jeweils genau einer Millisekunde. Und es muss mitgezählt werden: Wie viele Millisekunden musste DTR angeschaltet sein, wie lange war die Leitung ausgeschaltet. Ist keine Eingangsspannung angelegt, dann wird man erwarten, dass der positive und der negative Zustand von DTR etwa gleich häufig vorkamen. Die Kondensatorspannung mittelt sich dabei zu Null. Schaut man etwas genauer hin und berücksichtigt auch die Schaltschwelle bei ca. 0,7 V, dann sollte der positive Zustand etwas überwiegen. Mit angelegter Eingangsspannung verschieben sich die Verhältnisse. Die Ladequelle DTR muss sozusagen gegen den zusätzlichen Eingangs-Ladestrom ankämpfen. Eine negative Messspannung führt zu mehr positiven DTR-Zuständen, und umgekehrt wird eine positive Eingangsspannung durch mehr negative DTR-Phasen ausgeglichen.

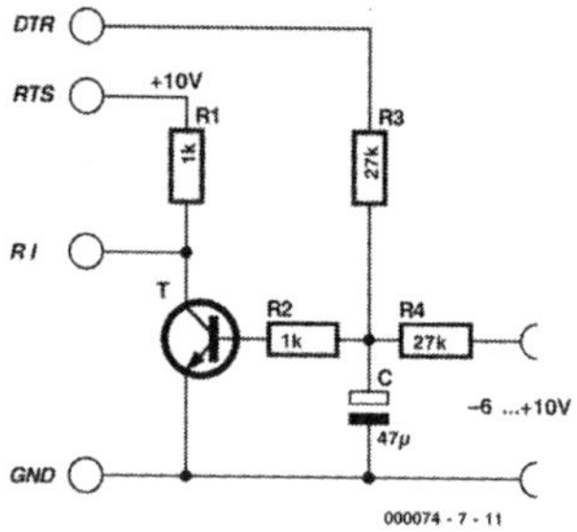

Abbildung 8.1: *Der einfache AD-Wandler.*

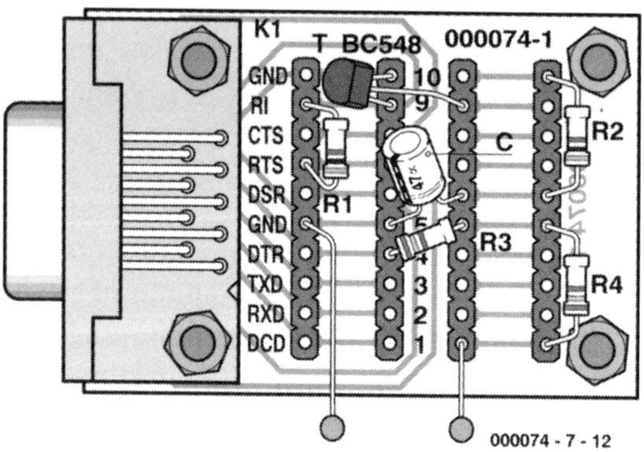

Abbildung 8.2: *Aufbau des einfachen AD-Wandlers.*

```
Private Sub Form_Load()
 i = OPENCOM("COM2,1200,N,8,1")
 If i = 0 Then
    i = OPENCOM("COM1,1200,N,8,1")
    Option1.Value = True
 End If
 If i = 0 Then MsgBox ("COM Interface Error")
 RTS 1
 DTR 1
 Counter1 = 0
 Timer1.Interval = 500
 End Sub

Private Sub Form_Unload(Cancel As Integer)
 CLOSECOM
 End Sub

Private Sub Option1_Click()
 i = OPENCOM("COM1,1200,N,8,1")
 If i = 0 Then MsgBox ("COM1 not available")
 RTS 1
 DTR 1
 End Sub

Private Sub Option2_Click()
 i = OPENCOM("COM2,1200,N,8,1")
 If i = 0 Then MsgBox ("COM2 not available")
 RTS 1
 DTR 1
 End Sub

Private Sub Timer1_Timer()
  RTS 1
  DTR 0
  U = 0
  TIMEINIT
  While (RI() = 0) And (TIMEREAD() < 300)
  Wend
  TIMEINIT
  For n = 1 To 255
    If RI() = 1 Then DTR 1 Else DTR 0: U = U + 1
    While TIMEREAD() < n
    Wend
  Next n
  DTR 1  Label1.Caption = Str$(U) + "  "
 End Sub
```

Listing 8.1: Wandeln eines 8-Bit-Werts (AD1.vbp).

Das Programm legt DTR beim Start zunächst auf 1. Dies ist wichtig, damit der Kondensator nicht negativ geladen ist. Die Spannung steigt aber trotzdem nicht über etwa 1 V, weil die Basis-Emitterdiode des Transistors leitet. Der Transistor ist in diesem Ruhezustand voll durchgesteuert. In der eigentlichen Messprozedur Timer1.Timer wird alle 500 ms eine neue Messung durchgeführt. Zu Beginn wird DTR abgeschaltet, bis RI zum ersten Mal kippt. Nun befindet sich die Kondensatorspannung an der Schaltschwelle des Transistors. Diese erste Schleife hat eine Timeout-Bedingung für den Fehlerfall und dauert höchstens 300 ms.

Die eigentliche Messschleife wird genau 255 mal durchlaufen, wobei die DTR-0-Zustände gezählt werden. Die Messung dauert immer 255 ms und liefert 256 mögliche Ergebnisse zwischen 0 und 255. Damit entspricht die Auflösung einem 8-Bit-Wandler.

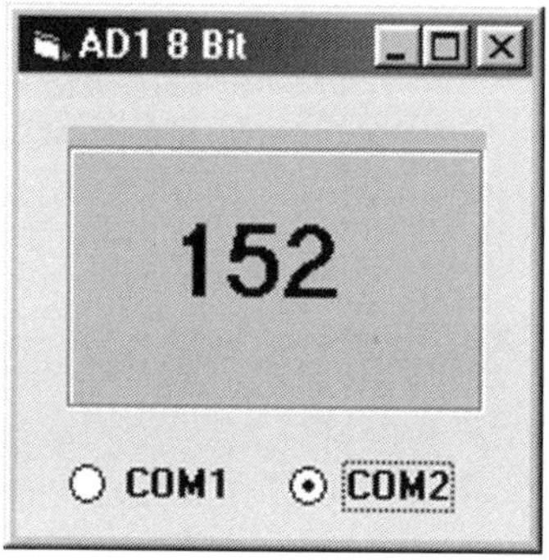

Abbildung 8.3: Anzeige des digitalisierten Messwerts.

8.2 Ein Voltmeter

Der AD-Wandler liefert nur reine Zahlenwerte, noch nicht aber die Spannung in Volt. Für eine korrekte Umrechnung muss die Umsetzung genauer bekannt sein. Ein erster Test liefert folgende Ergebnisse:

Eingang	Anzeige
offen	118
0 V	110
-3,6 V	68
+3,6 V	152

Man sieht, dass ein offener Eingang nicht 0 V anzeigt, sondern einen etwas höheren Wert. Vergleicht man die Messergebnisse der Spannungen –3,6 V, 0 V und +3,6 V, dann fällt sofort ins

Auge, dass die negative Spannung mit einer Differenz von 42 genauso weit vom Nullpunkt entfernt ist wie die positive. Das ist sehr erfreulich, denn es bedeutet, dass der Wandler linear arbeitet.

Die digitalen Werte sollen nun in eine Spannung umgerechnet werden. Folgende Rechnung führt zum Ziel:

Spannung = (Messwert - 110) / 11,2

Darin steckt der bereits bestimmte Nullpunktswert mit 110 und ein Faktor, der das Verhältnis zwischen digitalen Stufen und Spannung angibt. Beide Werte können abhängig vom Aufbau etwas von den angegebenen abweichen. Deshalb ist es sinnvoll, eine Kalibrierung vorzusehen. Dazu werden im Programm AD2.frm zwei Schieberegler vorgesehen, die jeweils die Voreinstellungen als Startwert erhalten. Der linke Schieberegler mit einem Einstellbereich von 105 bis 115 und einem Startwert von 110 dient der Nullpunkt-Justierung. Der rechte Regler mit einem Bereich von 124 bis 100 und einem Startwert von 112 stellt die Steigung ein. Beim Start des Programms sollte man zuerst die Eingangsleitungen verbinden und den Nullpunkt gegebenenfalls nachjustieren. Dann muss der Eingang an eine bekannte Spannung gelegt werden. Mit dem rechten Regler kann dann die Anzeige korrigiert werden. Der hier aufgebaute AD-Wandler verwendet als Referenzspannung die nicht sehr genaue Ausgangsspannung der Leitung DTR. Deshalb ist eine Nachjustierung in vielen Fällen erforderlich.

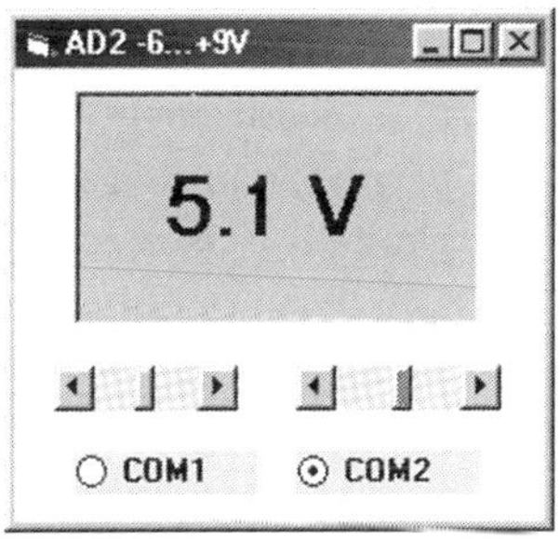

Abbildung 8.4: Das fertige Voltmeter.

```
Private Sub Timer1_Timer()
  RTS 1
  DTR 0
  U = 0
  REALTIME (True)
  TIMEINIT
  While (RI() = 0) And (TIMEREAD() < 300)
  Wend
  TIMEINIT
  For n = 1 To 255
    If RI() = 1 Then DTR 1 Else DTR 0: U = U + 1
    While TIMEREAD() < n
    Wend
  Next n
  REALTIME (False)
  U = (U - HScroll1.Value) / HScroll2.Value * 10
  U = Int(U * 10) / 10
  DTR 1
  Label1.Caption = Str$(U) + " V"
 End Sub
```

Listing 8.2: *Die veränderte Timer-Prozedur in AD2.vbp.*

8.3 Messwert-Plotter

Der einfache AD-Wandler bietet nun eine relativ gute Genauigkeit und Zuverlässigkeit. Die Auflösung beträgt 0,1 V, der Messbereich reicht von ca. –6 V bis ca. + 9V. Das Gerät hat damit schon einen gewissen praktischen Gebrauchswert. Man kann z.B. Batterien überprüfen. Noch praktischer aber wird es, wenn man auch einen Plotter mit Spannungseingang hat. Damit lassen sich weitere Untersuchungen anstellen. Abb. 8.5 zeigt die Messung an einem Kondensator, der kurz negativ und positiv aufgeladen wurde. Man erkennt die üblichen exponentiellen Entladekurven.

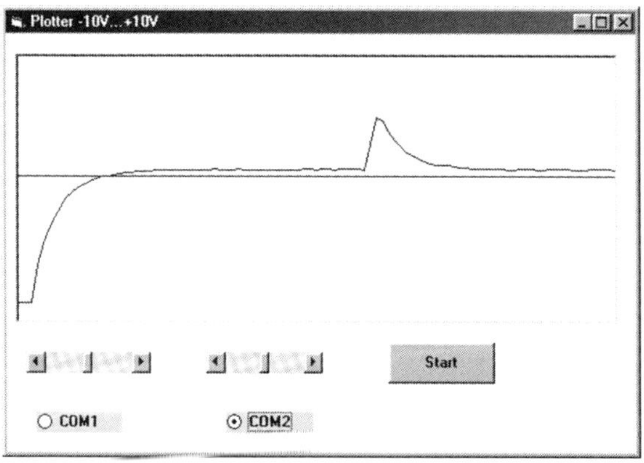

Abbildung 8.5: *Der Spannungsplotter Plotter2.frm.*

```
Dim y1, y2, x1, x2, n

Private Sub Command1_Click()
 n = 0
 End Sub

Private Sub Timer1_Timer()
  RTS 1
  DTR 0
  U = 0
  REALTIME (True)
  TIMEINIT
  While (RI() = 0) And (TIMEREAD() < 300)
  Wend
  TIMEINIT
  For i = 1 To 255
    If RI() = 1 Then DTR 1 Else DTR 0: U = U + 1
    While TIMEREAD() < i
    Wend
  Next i
  REALTIME (False)
  U = (U - HScroll1.Value) / HScroll2.Value * 10
  DTR 1
  y2 = 100 - U * 10
  If n = 0 Then y1 = y2: Picture1.Cls
    x1 = n
  n = n + 5
  x2 = n
  Picture1.Line (x1, y1)-(x2, y2)
  y1 = y2
 End Sub
```

Listing 8.3: Die entscheidenden Prozeduren des Plotters Plotter2.vbp.

8.4 Verbesserung der Genauigkeit

Wenn man einmal die möglichen Fehlerquellen des einfachen AD-Wandlers betrachtet, dann sieht man wieder einmal, dass es nichts gibt, das nicht noch zu verbessern wäre.

Die Grundgenauigkeit ist von der Spannung an der seriellen Schnittstelle abhängig. Besser wäre eine eigene Referenzquelle, was die Schaltung allerdings wesentlich komplizierter machen würde. Die Schaltschwelle des Komparators aus einem einfachen NPN-Transistor liegt nicht bei 0 V, sondern etwa bei 0,7 V. Die genaue Höhe ist vom gewählten Transistor und von der Temperatur abhängig. Eine Temperaturänderung von einem Grad

Celsius verschiebt die Schwelle um 2 mV. Das Verhältnis der beiden 27-kΩ-Widerstände geht mit in die Messung ein, ist aber auch bei einer Toleranz von 5 % gegenüber den anderen Fehlerquellen zu vernachlässigen. NICHT mit das Messergebnis geht die genaue Kapazität des Kondensators ein. Dies ist ein besonderer Vorteil des Messverfahrens. Auch wenn man statt 47 µF einmal 100 µF verwendet, ändert sich das Messergebnis nicht.

Relativ einfach lässt sich eine Verbesserung des eingesetzten Komparators erreichen. Statt eines einzelnen Transistors verwendet man zwei. Die beiden NPN-Transistoren bilden einen Differenzverstärker, ähnlich wie in der Eingangsstufe eines Operationsverstärkers. Dabei kann man davon ausgehen, dass die Basis-Emitterspannungen bei gleichem Strom bis auf wenige Millivolt übereinstimmen. Auch eine Temperaturänderung macht sich nicht mehr bemerkbar, solange beide Transistoren in gleicher Weise betroffen sind. Der gemeinsame Emitterstrom durch den 4,7-kΩ-Widertand beträgt etwa 2 mA. Bei einer Eingangsspannung von 0 V sollte der Strom sich genau in zwei Hälften aufteilen. Der Spannungsabfall am Kollektorwiderstand des zweiten Transistors beträgt dann 10 V, d.h. die Kollektorspannung liegt nahe Null und auch nahe der Schaltschwelle des Eingangs DSR.

Anders als bei der ursprünglichen Schaltung hält nun der Transistor nicht mehr die Kondensatorspannung davon ab, in den Ruhepausen anzusteigen. Deshalb wurde eine zusätzliche Si-Diode zur Begrenzung der Spannung auf 0,6 V eingebaut. Alle Änderungen zusammen bewirken, dass nun ein offener Eingang Null zeigt, und dass in beiden Polaritäten der Messbereich bis etwa 10 V ausgedehnt wird.

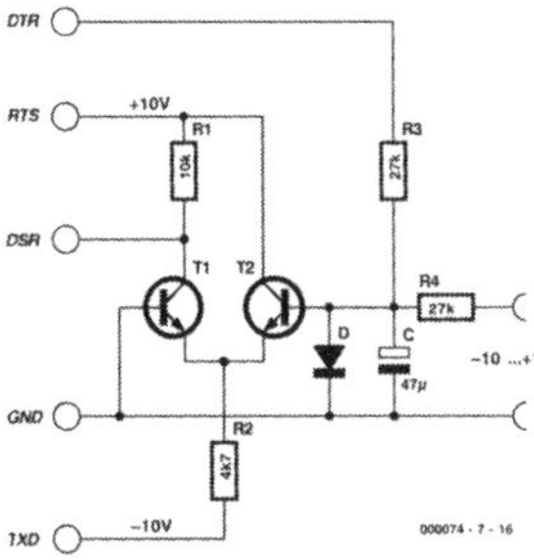

Abbildung 8.6:
Der verbesserte Komparator.

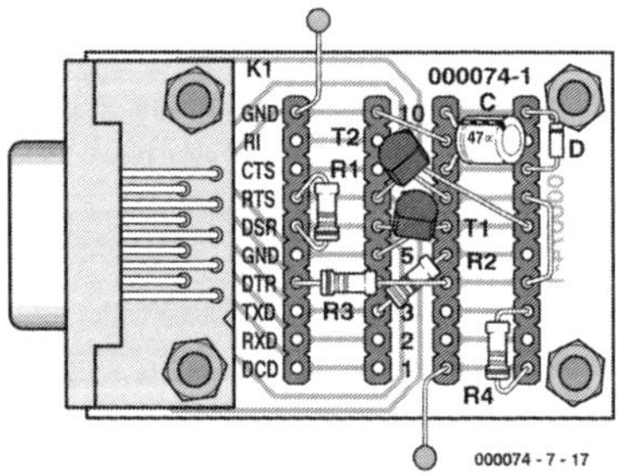

Abbildung 8.7: Aufbau des verbesserten AD-Wandlers auf der Experimentierplatine.

Auch am Programm kann noch etwas verbessert werden. Zunächst muss man bedenken, dass die Leseleitung DSR nun invertiert liest, d.h. die Eingangsspannung ist hoch, wenn die Kondensatorspannung über der Schaltschwelle liegt. Die verbesserten Eigenschaften der Messschaltung machen es sinnvoll, mit einer höheren Auflösung zu messen. Die Schleife wird daher nun 1000 mal durchlaufen. Bei einem Umfang von insgesamt 20 V ergibt sich daraus eine Auflösung in Schritte von 0,02 V. Man kann daher sinnvoll eine weitere Nachkommastelle anzeigen.

```
Private Sub Timer1_Timer()
  RTS 1
  DTR 0
  U = 0
  REALTIME (True)
  TIMEINIT
  While (DSR() = 1) And (TIMEREAD() < 300)
  Wend
  TIMEINIT
  For n = 1 To 1000
    If DSR() = 0 Then DTR 1 Else DTR 0: U = U + 1
    While TIMEREAD() < n
    Wend
  Next n
  REALTIME (False)
  U = (U - HScroll1.Value) / HScroll2.Value * 10
  U = Int(U * 100) / 100
  DTR 1
  Label1.Caption = Str$(U) + " V"
 End Sub
```

Listing 8.4: *Eine Messroutine mit insgesamt 1000 Quantisierungsstufen (AD3.vbp).*

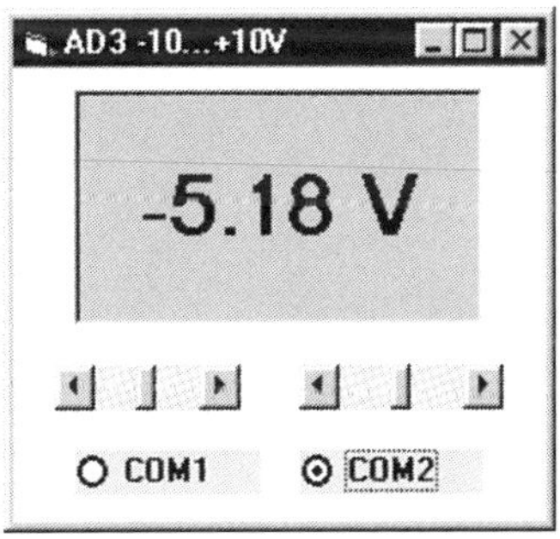

Abbildung 8.8: *Anzeige mit zwei Nachkommastellen*

9. Digitale Echtzeitanwendungen

Obwohl man von Windows sagt, dass es nicht echtzeitfähig sei, lassen sich viele Aufgaben lösen, die eine zeitliche Zuverlässigkeit von weit unter einer Millisekunde benötigen. Mit einem schnellen PC kommt man durchaus in die Größenordnung von 10 Mikrosekunden, wenn es gelingt, Prozesse in einer begrenzten Zeit abzuarbeiten.

9.1 Ein Logikanalysator

Der hier vorgestellte Logikanalysator liest Zustände der Leitungen CTS und RI in einem schnellen Zeittakt ein und stellt sie dann am Bildschirm dar. Es werden insgesamt 13000 Samples im Abstand von 20 µs erfasst. Die nachträgliche Auswertung am Bildschirm gestattet die Wahl des Skalenfaktors für die Zeitachse und ermöglicht ein Scrollen der Daten am Bildschirm. Man kann also nach der Messung in aller Ruhe interessante Bereiche genauer betrachten. Man erhält hier ein vielseitiges Gerät für den allgemeinen Einsatz im Elektroniklabor. Oft ist es möglich, digitale Signale genauer unter die Lupe zu nehmen. Dies gelingt immer dann, wenn die Signale nicht zu schnell wechseln. In den folgenden Kapiteln finden sich Beispiele für den praktischen Einsatz des Programms.

Das Programm Logger.vbp verwendet zwei globale Arrays Ch1 und Ch2. Die eigentliche Aufnahme der Daten erfolgt in der Prozedur Command1_Click. In einer Messschleife werden den beiden Datenarrays die Zustände der Eingänge CTS und RI zugewiesen. Die Zeitmessung verwendet die Funktion TIMEREADUS aus der PORT.DLL. Nach jedem Messpunkt wird in einer Zeitschleife gewartet, bis der nächste berechnete Zeitpunkt erreicht ist. Das Verfahren hat gegenüber der Verwendung von DELAYUS zwei Vorteile. Zum einen fallen Programmlaufzeiten nicht ins Gewicht, solange sie kleiner als das Zeitraster sind. Und zum anderen kann eine kleine Verzögerung, die vielleicht durch andere Windows-Prozesse ausgelöst wurde, wieder aufgeholt werden, sodass die Aufnahme weniger gestört wird.

Die geforderte zeitliche Auflösung von 20 µs wird nur deshalb erreicht, weil mit REALTIME True eine hohe Priorität des Prozesses eingestellt wird. Die eigentliche Messung aller 13000 Abtastpunkte dauert nur 0,26 Sekunden. Während dieser kurzen Zeit reagiert Windows nicht auf externe Ereignisse wie Mausklicks. Das ist aber kein Problem, zumal keine Situation eintreten kann, in der die Messschleife hängen bleibt. Nach der Messung wird mit REALTIME False wieder in den Normalmodus geschaltet. Die meiste Zeit verbringt das Programm dann in den Prozeduren zur Auswertung und Darstellung der Daten.

Das Messintervall von 20 µs wurde mit einem Pentium MMX 300 erreicht. Bei schnelleren PCs sind auch kürzere Intervalle möglich. Hier lohnt sich ein Test mit dem eigenen PC. Auch die Erweiterung auf bis zu vier Kanäle ist möglich. An anderer Stelle wird eine andere, zeitsparende Methode vorgestellt mit der das Programm auf dem gleichen PC mit vier Kanälen arbeitet.

```
   Dim Ch1(13000) As Integer
   Dim Ch2(13000) As Integer
   Dim Sf
   Dim Sp
  Private Sub Plot()
   Picture1.Cls
     For n = 1 To 10
         Picture1.Line (n * 50, 0)-(n * 50, 100), &HFF00&
     Next n
     For n = 1 To 550
     X1 = n
     X2 = n + 1
     Y1 = 40 - 20 * Ch1(Sp + n * Sf)
     Y2 = 40 - 20 * Ch1(Sp + (n + 1) * Sf)
     Picture1.Line (X1, Y1)-(X2, Y1)
     Picture1.Line (X2, Y1)-(X2, Y2)
       Y1 = 80 - 20 * Ch2(Sp + n * Sf)
       Y2 = 80 - 20 * Ch2(Sp + (n + 1) * Sf)
     Picture1.Line (X1, Y1)-(X2, Y1)
     Picture1.Line (X2, Y1)-(X2, Y2)
   Next n
  End Sub

 Private Sub Command1_Click()
   REALTIME (True)
   TIMEINITUS
```

```
For n = 1 To 13000
    Ch1(n) = CTS
    Ch2(n) = RI
    While TIMEREADUS < (n * 20)
    Wend
  Next n
  REALTIME (False)
  Plot
 End Sub

Private Sub Form_Load()
 i = OPENCOM("COM2,1200,N,8,1")
 DTR 1
 RTS 1
 Sf = 20
 Sp = 0
 End Sub

Private Sub Form_Unload(Cancel As Integer)
  CLOSECOM
 End Sub

Private Sub HScroll1_Change()
  Picture1.Cls

  Sp = HScroll1.Value
  If (Sp + 500 * Sf > 11000) Then Sp = 0
  Plot
 End Sub

Private Sub Option1_Click()
  Sf = 20
  HScroll1.Max = 1000
  HScroll1.Value = 0
  Plot
 End Sub

Private Sub Option2_Click()
  Sf = 10
  HScroll1.Max = 5000
  HScroll1.Value = 0
  Plot
 End Sub

Private Sub Option3_Click()
  Sf = 5
  HScroll1.Max = 8000
  HScroll1.Value = 0
  Plot
 End Sub

Private Sub Option4_Click()
  Sf = 2
```

```
HScroll1.Max = 10000
  HScroll1.Value = 0
Plot
End Sub

Private Sub Option5_Click()
  Sf = 1
  HScroll1.Max = 10000
  HScroll1.Value = 0
  Plot
 End Sub
```

Listing 9.1: Der digitale Plotter (Logger.vbp).

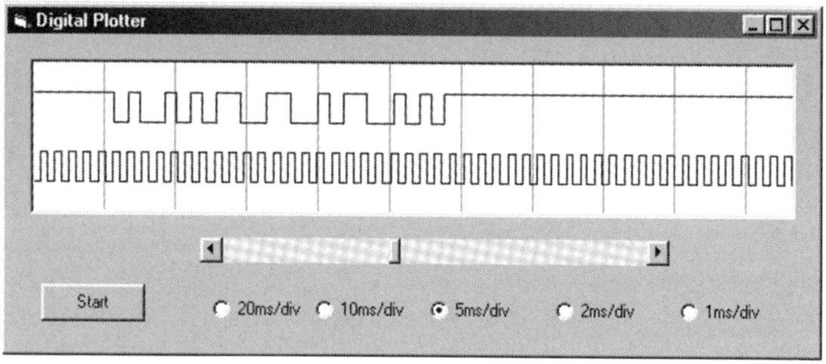

Abbildung 9.1: Ein Messergebnis mit dem Logikanalysator .

Abb. 9.1 zeigt ein Messergebnis des Programms. Im oberen Kanal wird ein RC5-Signal von einer Infrarot-Fernbedienung dargestellt, das im nächsten Kapitel genauer besprochen wird. Im unteren Kanal sieht man ein kontinuierliches Rechtecksignal von ca.1 kHz.

9.2 RC5-Empfänger mit Software-Decoder

Infrarot-Fernbedienungen für Fernsehgeräte, Videorekorder und andere Geräte der Unterhaltungselektronik arbeiten zum Teil nach dem von Philips definierten RC5-Standard. Man verwendet dabei modulierte Lichtsignale im Bereich 30 kHz bis etwa 40 kHz. Die Fernbedienung sendet einzelne Bursts, also Impulspakete mit Längen von 0,888 ms oder 1,776 ms aus. Bei einer Modulationsfrequenz von 36 kHz enthält ein kurzer Burst 32 Einzelimpulse, ein langer 64. Das gesamte Datenpaket dauert etwa 25 ms und wird alle 100 ms wiederholt, solange eine Taste gedrückt wird.

Eine Infrarot-Fernbedienung kann man leicht auch für andere Zwecke verwenden. Es ist z.B. möglich, bestimmte Funktionen eines eigenen Programms aus der Ferne zu steuern. Eine typische Anwendung wäre die Steuerung einer PC-Diashow. Nachdem das Programm gestartet ist, lehnt man sich zurück und bedient alles vom Sessel aus.

Der Empfang üblicher Infrarot-Signale ist dank integrierter Empfänger relativ einfach. Der bekannte IR-Empfänger SFH506 von Siemens wird für bestimmte Modulationsfrequenzen von 30 kHz, 33 kHz, 36 kHz usw. geliefert. Die Filterkurve ist nicht sehr schmalbandig, sodass Abweichungen von einigen Kilohertz nur zu einer relativ geringen Verschlechterung der Empfindlichkeit führen. Ein vergleichbares IC ist der TSOP1836 von Vishai/Telefunken. Beide ICs benötigen nur eine Betriebsspannung von 5 V und kommen mit weniger als 2 mA aus. Sie können daher direkt von der Schnittstelle versorgt werden.

Das Schaltbild nach Abb. 9.2 zeigt den Empfängerbaustein mit einem Spannungsregler 78L05. Üblicherweise entkoppelt man die Spannung am Ausgang und am Eingang mit Kondensatoren. Versuche haben jedoch gezeigt, dass der Kondensator am Eingang entfallen darf. Eine Diode verhindert die falsche Polung der Eingangsspannung, solange DTR noch nicht eingeschaltet wurde. Aber auch diese Maßnahme kann entfallen, weil der 78L05 eine inverse Schutzdiode am Eingang besitzt. Diese ist zwar eigentlich nicht für den Dauereinsatz gedacht, aber die interne Strombegrenzung der Schnittstelle erlaubt diesen Zustand. Mancher wird sich fragen, ob es sinnvoll ist, eine Diode und einen Kondensator einzusparen. Das wurde aber deshalb getan, damit die ganze Schaltung problemlos auf die Experimentierplatine passt. Aus dem selben Grunde wurde der Ausgang des Spannungsreglers mit der Eingangsleitung DSR verbunden. DTR, GND und DSR passten gerade richtig zur Anschlussbelegung des Spannungsreglers. Man kann diese Tatsache ausnutzen, um die Anwesenheit der Schaltung in einem Programm abzufragen. Wenn DTR eingeschaltet wird, muss auch DSR hochgehen.

Der Datenausgang der Empfänger-ICs wird direkt mit der Leitung CTS verbunden. Zusätzlich wird aber noch ein Pullup-Widerstand benötigt. Nor-

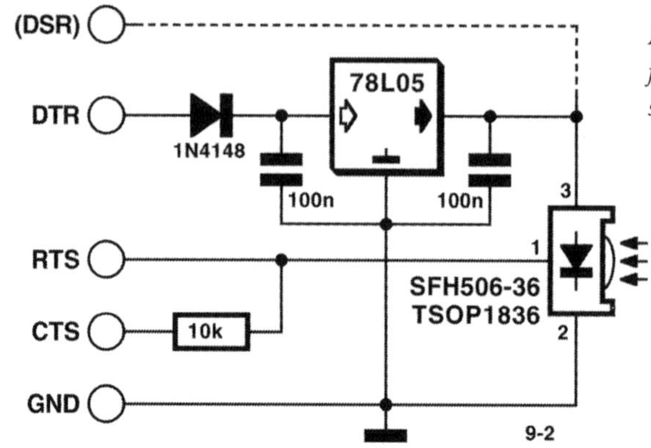

Abbildung 9.2: Der einfache IR-Empfänger an der seriellen Schnittstelle.

malerweise würde man diesen Widerstand mit + 5 V verbinden. Dass hier die positive Spannung am Ausgang RTS verwendet wird, ist wieder nur eine Maßnahme, die hilft, die Schaltung auf der Experimentierplatine unterzubringen. Der Widerstand von 10 kΩ ist so bemessen, dass die Spannung an CTS nicht über ca. 4 V ansteigen kann. Impulse der Fernbedienung erscheinen mit invertiertem Pegel an CTS, d.h. der Ruhepegel ist Eins. Ein Programm muss nun die ankommenden Impulse auswerten, um die gedrückte Taste der Fernbedienung zu erkennen.

Abb. 9.3 zeigt ein empfangenes Signal einer Fernbedienung. Das Diagramm wurde mit dem Logik-Analysator aus dem vorigen Kapitel aufgezeichnet. Das RC5-Protokoll verwendet ein sog. Biphasensignal. Die eigentliche Information steckt in den Phasenwechseln. Spätestens nach 1,776 ms wechselt der Signalpegel. Der Empfänger kann sich durch diese Pegelwechsel immer wieder neu auf das Signal synchronisieren.

Das Signal wird mit einer immer gleich bleibenden Startsequenz eingeleitet. Dann folgen drei Datenbereiche, wobei Pegelwechsel im Abstand 1,776 ms die eigentlichen Datenbits repräsentieren. Nach jedem dieser Pegelwechsel wartet der Empfänger zunächst etwas mehr als 0,888 ms und überliest den nächsten möglichen Pegelwechsel. Der dann folgende Pegelwechsel ist sowohl ein Synchronpunkt als auch eine Bitinformation. Im Prinzip lassen sich auf diese Weise beliebig lange Datenworte übertragen. Beim RC5-Signal sind es genau 12 Bit.

Das Control-Bit (Ctl) wechselt bei jeder Tastenbetätigung zwischen 0 und 1. Der Empfänger kann auf diese Weise unterscheiden, ob eine Taste einmal lange oder mehrmals kurz gedrückt wird. Die Geräte-Adresse (Adr) enthält 5 Bits, wobei höherwertige Bits zuerst übertragen werden. Übliche Geräteadressen sind 0 für Fernsehgeräte und 5 für Videorekorder. Auf diese Weise können mehrere Fernbedienungen im selben Raum eingesetzt werden. Der Datenbereich (Dat) enthält 6 Bits für bis zu 64 unterschiedliche Tasten. Die Nummerntasten 0 bis 9 erzeugen Kodes von 0 bis 9. Auch hier werden die höchstwertigen Bits zuerst gesendet.

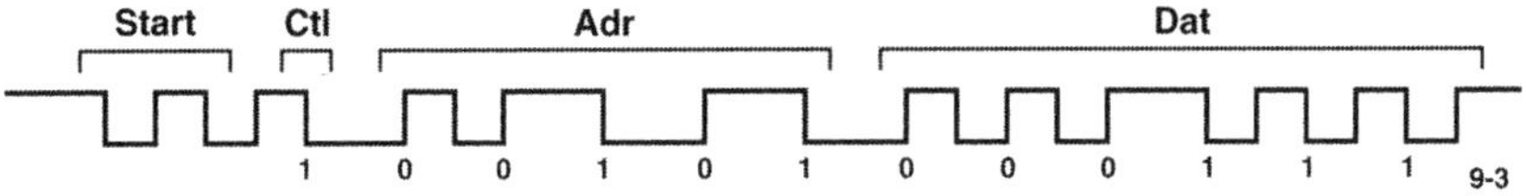

Abbildung 9.3: Ein RC5-Beispielsignal mit Adresse 5 und Taste 7.

Listing 9.2 zeigt den eigentlichen Software-Dekoder in Visual Basic. Die Prozedur RC5 empfängt die Daten. Die Aufgabe ist relativ zeitkritisch und erfordert die Verwendung von REALTIME True. Die Prozedur wartet zunächst auf einen Lowpegel als Startimpuls. Damit der PC bei ausbleibendem Signal nicht endlos hängt, wurde eine Timeout-Bedingung eingebaut. Wenn nach 500 ms kein Signal empfangen wurde, bricht das Programm mit einer Fehlermeldung ab.

Infrarot-Steuerungen können immer durch andere Lichtquellen gestört werden. Typische Störer sind Leuchtstoffröhren, die impulsartige Lichtstörungen verursachen. Die Empfangsroutine RC5 überprüft daher die Startsequenz eines empfangenen Signals auf den korrekten Verlauf. Falls ein Signal von der erwarteten Impulsfolge abweicht, muss es sich um einen Störimpuls handeln. Die Prozedur wartet dann auf einen neuen Anfang. So ist es möglich, in relativ gestörter Umgebung noch sicher RC5-Signale zu empfangen.

Nach der Startsequenz werden einzelne Bits in der Prozedur RC5bit empfangen. Wenn beim Start der Prozedur ein 0-Pegel gelesen wird, sollte es sich um ein 0-Bit handeln. Nun wird der Pegelwechsel abgewartet. Nach einer halben Impulslänge (444 µs) wird noch einmal abgefragt, ob immer noch der neue Pegel anliegt. Wenn nicht, wurde ein Fehler erkannt. Alle bisher gelesenen Informationen werden dann mit dem Wert –1 überschrieben. Die Prozedur RC5-Bit kehrt nach etwas mehr als 444 µs mit dem Ergebnis des gelesenen Bits zurück. Die aufrufende Prozedur RC5 wertet das Bit aus und wartet dann noch einmal 444 µs bis zum nächsten Aufruf von RC5bit. Auf diese Weise wird ein eventueller nächster Pegelwechsel überlesen. Das soll auch so sein, denn erst 1,776 ms nach dem letzen ausgewerteten Pegelwechsel wird der nächste gültige Wechsel erwartet.

```
Dim Ctr
Dim Adr
Dim Dat

Sub RC5Error()
  Ctr = -1
  Adr = -1
  Dat = -1
 End Sub

Function RC5Bit() As Integer
  TIMEINITUS
  If CTS = 0 Then
    While ((TIMEREADUS  500) And (CTS = 0))
    Wend
    If TIMEREADUS > 499 Then RC5Error
    DELAYUS 444
    If CTS = 0 Then RC5Error
    RC5Bit = 0
  Else
    While ((TIMEREADUS < 500) And (CTS = 1))
    Wend
    If TIMEREADUS > 499 Then RC5Error
    DELAYUS 444
    If CTS = 1 Then RC5Error
    RC5Bit = 1
  End If
 End Function

Sub RC5()
  Ctr = 0
  Adr = 0
  Dat = 0
  Startbit = False
  REALTIME True
  TIMEINIT
  While Not Startbit
    While (CTS = 1) And (TIMEREAD < 500)
    Wend
    Startbit = True
    DELAYUS 444
    If CTS = 1 Then Startbit = False
    DELAYUS 888
    If CTS = 0 Then Startbit = False
```

```
    DELAYUS 888
    If CTS = 1 Then Startbit = False
    Adr = Startbit
    If TIMEREAD > 499 Then Startbit = True
  Wend
  DELAYUS 888
  Ctr = RC5Bit
  Adr = 0
  For N = 1 To 5
    DELAYUS 888
    Adr = Adr * 2
    Adr = Adr + RC5Bit
  Next N
  Dat = 0  For N = 1 To 6
    DELAYUS 888
    Dat = Dat * 2
    Dat = Dat + RC5Bit
      Next N
  REALTIME (False)
 End Sub

Private Sub Form_Load()
  OPENCOM "COM2"
  DTR 1
  RTS 1
 End Sub

Private Sub Form_Unload(Cancel As Integer)
  CLOSECOM
 End Sub

Private Sub Timer1_Timer()
  RC5
  Text1.Text = Str$(Ctr) + " " + Str$(Adr) + " " + Str$(Dat)
 End Sub
```

Listing 9.2: Empfang und Anzeige von RC5-Daten (RC5.vbp).

Der Zeichenempfang wird von einem Timer des VB-Programms gesteuert. Alle empfangenen Informationen werden in einem Textfenster dargestellt. Abb. 9.4 zeigt die Bildschirmausgabe der empfangenen Informationen für eine Fernbedienung mit der Geräteadresse 5. Es wurde die Zifferntaste 7 gedrückt. Wenn kein Signal empfangen wird, sieht man mit Ctr = –1 und Adr = –1 eine entsprechende Fehlermeldung. In einer fertigen Entwicklung würde die Fehlerinformation nicht ausgegeben, sondern verwendet, um die brauchbare von unbrauchbaren Tasteninformationen zu unterscheiden.

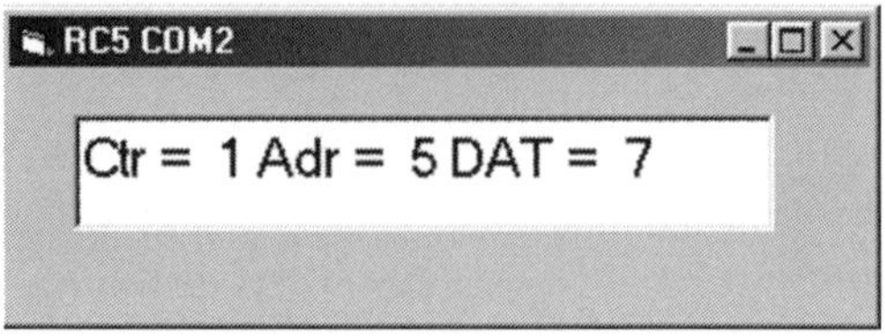

Abbildung 9.4: *Ausgabe von RC5-Daten.*

9.3 RC5-Sender mit dem PC

Nicht nur der Empfang von Fernbedienungssignalen, sondern auch ihre Erzeugung kann sinnvoll sein. Man könnte z.B. den Videorekorder automatisch steuern und Aufnahmen von einer Videokamera starten. Oder man könnte vollautomatisch dafür sorgen, dass das Fernsehgerät zu einer bestimmten Uhrzeit ausgeschaltet wird. Im Grunde kann jede Aktion statt mit einer normalen Fernebedienung auch vom PC aus ausgeführt werden.

Für diese Anwendung benötigt man eine Infrarot-Sendediode und einen passenden Modulator, also eine Schaltung, die den Diodenstrom z.B. mit 36 kHz moduliert. Als IR-Diode eignet sich eine preiswerte LD271. Der Modulator kann im einfachsten Fall aus einem Transistor-Multivibrator bestehen.

Abb. 9.5 zeigt eine einfache Schaltung, die speziell für den Einsatz an der seriellen Schnittstelle ausgelegt wurde. Sie lässt sich direkt auf der Experimentierplatine aufbauen und reicht für einfache Versuche aus. Zwar ist die Reichweite noch nicht optimal, aber die grundsätzliche Funktion kann schon überprüft werden.

Die Schaltung entspricht dem bereits in Kap. 5.5 verwendeten LED-Blinker. Ein relativ kleiner Kondensator von 2200 pF sorgt für die hohe Blinkfrequenz. Der Widerstand von 330 Ω kann für einen Abgleich der Frequenz leicht verändert werden. Ein größerer Widerstand führt zu einer tieferen Frequenz. Im Versuchsaufbau wurde mit 330 Ω eine Frequenz von 36 kHz gemessen.

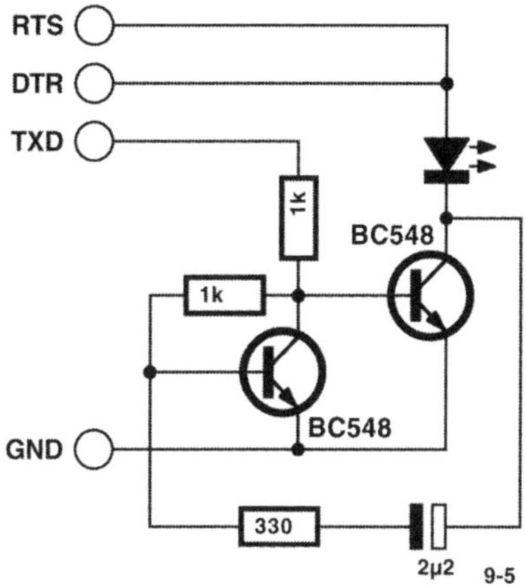

Abbildung 9.5: Ein Oszillator für ca. 36 kHz.

Die einfache Transistorschaltung passt direkt auf die Experimentierplatine. Ihre geringe Reichweite liegt vor allem am nicht optimalen Impuls-Pausenverhältnis des Diodenstroms von rund 50%. Eine größere Reichweite lässt sich mit kürzeren, aber stärkeren Stromimpulsen erzielen. Eine verbesserte Modulatorschaltung zeigt Abb. 9.6 Hier wird ein Timerbaustein 555 eingesetzt. Er liefert kurze Stromimpulse von ca. 15 % Einschaltdauer.

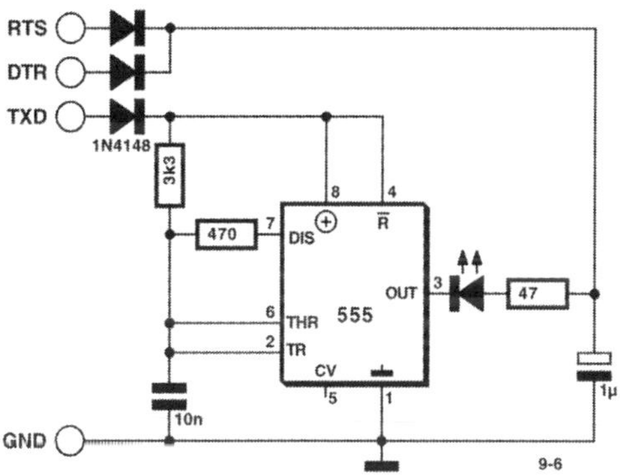

Abbildung 9.6: Ein optimierter Oszillator/Modulator.

In üblichen Fernbedienungen verwendet man kurze Impulse von weniger als 10% Einschaltdauer, aber mit Stromstärken bis etwa 1 A. So erreicht man eine ausreichende Signalstärke, um auch über Reflexionen an weißen Wänden einen sicheren Empfang sicherzustellen. Eine derart große Stromstärke ist allerdings mit der seriellen Schnittstelle nicht zu erreichen. Dafür aber hat man genügend Spannung, um bei Bedarf mehrere IR-LEDs in Reihe zu betreiben.

Die entscheidende Verbesserung liegt in der Verwendung kurzer Stromimpulse durch die Sendedioden. Ein Elko puffert die Stromimpulse, sodass einem durchschnittlichen Ladestrom von ca. 20 mA aus beiden Leitungen DTR und RTS ein Impulsstrom von einigen 100 mA gewonnen werden kann.

Das Programm nach Listing 9.3 verwendet eine Prozedur RC5tx zur Erzeugung der Steuerimpulse an TXD. Die drei Datenbereiche Ctr, Adr und Dat werden beim Aufruf übergeben. Im vorliegenden Beispiel wird die TV-Taste einer Fernbedienung mit dem Code 63 simuliert. Bei jeder Betätigung der Schaltfläche wird das Control-Bit umgeschaltet. Die Geräteadresse ist hier fest auf 0 eingestellt. Der Steuerungscode wird insgesamt 30 mal wiederholt, sodass 3 Sekunden lang Daten gesendet werden. Das Programm lässt sich leicht auf andere Tasten erweitern. Im Normalfall reichen etwa 5 Wiederholungen für einen sichern Betrieb.

```
Dim Control

Private Sub Command1_Click()
  For n = 1 To 30
    RC5tx Control, 0, 63
    DELAY 100
  Next n
  If Control = 1 Then
    Control = 0
  Else
    Control = 1
  End If
 End Sub

Private Sub Form_Load()
  OPENCOM "COM2"
  DTR 1
  RTS 1
  Control = 1
 End Sub
 Private Sub Form_Unload(Cancel As Integer)
  CLOSECOM
 End Sub

Private Sub TxBit(OnOff!)
  If OnOff = 1 Then
    TXD 0
    DELAYUS 888
    TXD 1
    DELAYUS 888
  Else:
```

```
    TXD 1
    DELAYUS 888
    TXD 0
    DELAYUS 888
  End If
 End Sub

Private Sub RC5tx(Ctr, Adr, Dat)
  BitTime = 888
  REALTIME True
  TIMEINITUS
  TXD 1
  While TIMEREADUS < (BitTime * 1)
  Wend
  TXD 0
  While TIMEREADUS < (BitTime * 2)
  Wend
  TXD 1
  While TIMEREADUS < (BitTime * 3)
  Wend
  TxBit (Ctr)
  BitVal = 32
  For n = 1 To 5
    b = Int((Adr And BitVal) / BitVal)
    TxBit (b)
    BitVal = BitVal / 2
  Next n
  BitVal = 32
  For n = 1 To 6
    b = Int((Dat And BitVal) / BitVal)
    TxBit (b)
    BitVal = BitVal / 2
  Next n
  TXD 0
  REALTIME False
 End Sub
```

Listing 9.3: *Ein RC5-Sender (RC5tx.vbp).*

Die Prozedur RC5tx arbeitet im REALTIME-Modus. Sie erzeugt zunächst die Startsequenz und verarbeitet dann die übergebenen Steuerdaten. Jedes Bit wird durch eine Schiebeoperation mit einer Division durch 2 an die Stelle Null gebracht und so isoliert. Mit dem einzelnen Bit wird die Prozedur RC5bit angesteuert.

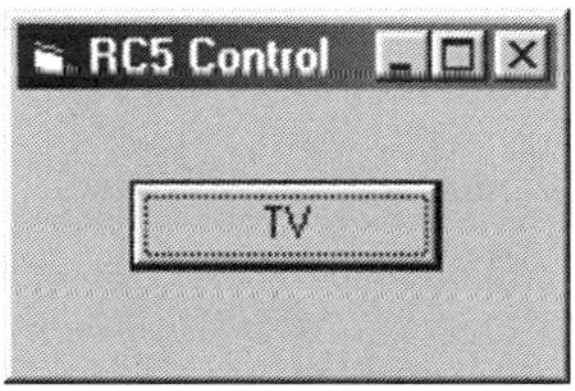

Abbildung 9.7: *Eine Fernbedienung mit einer Taste.*

10. Serielle Datenübertragung

In den ersten Kapiteln dieses Buchs wurde die serielle Schnittstelle durchweg anders eingesetzt, als sie von ihren Entwicklern gemeint war. Der eigentliche Zweck dieser Schnittstelle war ursprünglich die Datenübertragung über Modems. Bezeichnungen wie „Ring Indikator" oder „Data Terminal Ready" zeugen noch davon. Im Laufe der Zeit hat sich die Schnittstelle immer weiter auch in anderen Bereichen nützlich gemacht. Die größte Verbreitung fand der Anschluss der Computermaus an die RS232. Ursprünglich hätte sich wohl niemand träumen lassen, dass einmal ein Gerät mit eigenem Mikrocontroller an der RS232 arbeiten würde, das sogar die Betriebsspannung aus der Schnittstelle erhält.

Der eigentliche Zweck der seriellen Schnittstelle ist die Übertragung von Daten auf den Leitungen TxD und RxD. Daten werden von der Hardware der Schnittstelle in einen seriellen Bitstrom umgewandelt und auf die Reise geschickt. Beim Empfänger erzeugt eine zweite Schnittstelle aus dem seriellen Datenstrom wieder parallele Datenbytes, die vom PC weiterverarbeitet werden können. Das Ganze ist ein Beispiel gelungener Arbeitsteilung zwischen Software und Hardware. Die Aussendung eines Zeichens über die serielle Schnittstelle benötigt viel Zeit im Vergleich zu anderen Operationen. Hier geht es um Millisekunden, während man sonst eher um Mikrosekunden kämpft. Die Schnittstelle im PC verfügt daher über einen speziellen Hardware-Baustein, den universellen seriellen Sendeempfänger (Universal Serial Receiver Transmitter, UART), eine Art Telegrafenstation des PCs. Nachrichten werden hier in Auftrag gegeben und selbstständig abgesandt. Umgekehrt empfängt der UART eigenständig Nachrichten und legt sie so ab, dass sie von einem Programm in einer Aktion abgeholt werden können.

Eine typische Aufgabe für die serielle Schnittstelle ist die Übertragung von Daten von einem PC zum andern. Meist handelt es sich dabei um Textdaten, aber auch Programme, Bilder usw. Letztlich werden einzelne Bytes versandt, also Abschnitte von acht Bits. Aber es gibt auch Einstellungen der Schnittstelle, bei denen ein Zeichen nur sieben Bits hat. Sogar 5-Bit-Zeichen werden noch unterstützt, eine Erinnerung an die Zeiten der alten Fernschreiber, die genau die selbe Aufgabe auch noch mechanisch schafften, nur sehr viel langsamer und sehr laut.

10.1 Nullmodem-Verbindung

In einem ersten Versuch sollen zwei PCs verbunden werden, um gegenseitig Zeichen auszutauschen. Nötig ist dazu eine kreuzweise Verbindung der Leitungen TxD und RxD. Man bezeichnet eine solche Verbindung auch als Nullmodem-Kabel, weil hier kein Modem verwendet wird. Während über große Entfernungen die Telefonleitungen und Modems verwendet werden, kommt man bis zu einigen Metern allein mit normalen Kabeln aus. Man kann übrigens den Versuch auch mit einem einzigen PC ausführen, der sich auf dem Umweg über die serielle Schnittstelle selbst Daten schickt.

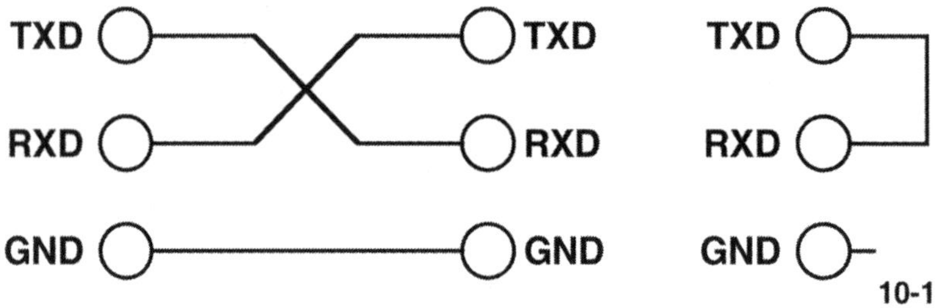

Abbildung 10.1: Nullmodem-Verbindung und Test mit einer einzigen Schnittstelle.

Für die serielle Übertragung von Daten hält die PORT.DLL die Prozedur SENDBYTE und die Funktion READBYTE bereit. Eine weitere Voraussetzung für einen gelungenen Datenaustausch ist, dass die Schnittstellen beider Partner mit den selben Parametern initialisiert wurden. Mit OPENCOM „COM2:1200,N,8,1“ einigt man sich auf eine Übertragungsgeschwindigkeit von 1200 Bits pro Sekunde (1200 Baud), kein Paritätsbit (Prüfbit), acht Bits pro Zeichen und ein Stoppbit. Diese Parameter werden noch genauer betrachtet.

Das erste Programmbeispiel überträgt bei jedem Kommando nur ein Byte. Und zwar wird in diesem Fall die Position eines Schiebereglers als Zahlenwert zwischen 0 und 255 an den Partner übermittelt. Umgekehrt wird jedes empfangene Byte in einem Textfenster angezeigt.

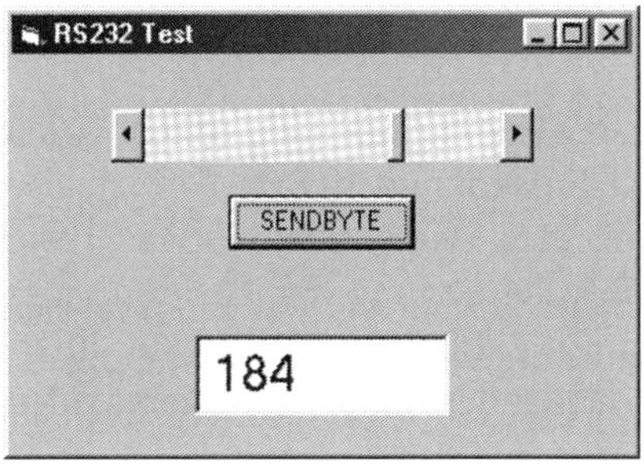

Abbildung 10.2: *Senden und Empfangen einzelner Bytes.*

```
Private Sub Form_Load()
 OPENCOM "COM2:1200,N,8,1"
 End Sub
 Private Sub Form_Unload(Cancel As Integer)
  CLOSECOM
 End Sub

Private Sub Command1_Click()
  d = HScroll1.Value
  SENDBYTE d
 End Sub

Private Sub Timer1_Timer()
  d = READBYTE
  If d  -1 Then Text1.Text = Str$(d)
 End Sub
```

Listing 10.1: *Senden und Empfangen einzelner Bytes (rsbyte1.vbp).*

10.2 Ein universales Terminalprogramm

Für die Arbeit mit der RS232-Schnittstelle braucht man oft ein Terminal-Programm, das empfangene Daten anzeigt und die Ausgabe von Daten erlaubt. Unter Windows hat man bereits das Hyperterminal, mit dem sich z.B. Daten über ein Modem übertragen lassen. Hier soll jedoch ein Terminalprogramm entwickelt werden, das speziell für allgemeine Entwicklungsaufgaben möglichst universell eingesetzt werden kann.

Der Anwender kann den Open-String direkt eingeben und die Schnittstelle mit den gewünschten Daten öffnen. In solchen Fällen, wo die Übertragungsparameter eines Geräts nicht genau bekannt sind, lassen sie sich schnell ausprobieren. Nach jeder Änderung des Open-Strings und einer Betätigung der Schaltfläche „New“ wird die Schnittstelle geschlossen und mit den neuen Parametern erneut geöffnet.

Die selben seriellen Daten lassen sich auf zwei völlig unterschiedliche Arten interpretieren. Einmal handelt es sich um Steuerdaten im Byte-Format, also einfach um Zahlenwerte im Bereich 0 bis 255. Man spricht hier auch vom Binärformat. Ein Beispiel dafür war die Übertragung der Position eines Schiebereglers aus dem vorigen Abschnitt. Zahlreiche Messgeräte, Interfaces und Geräte wie Computer-Mäuse oder andere Zeigegeräte verwenden diesen Modus.

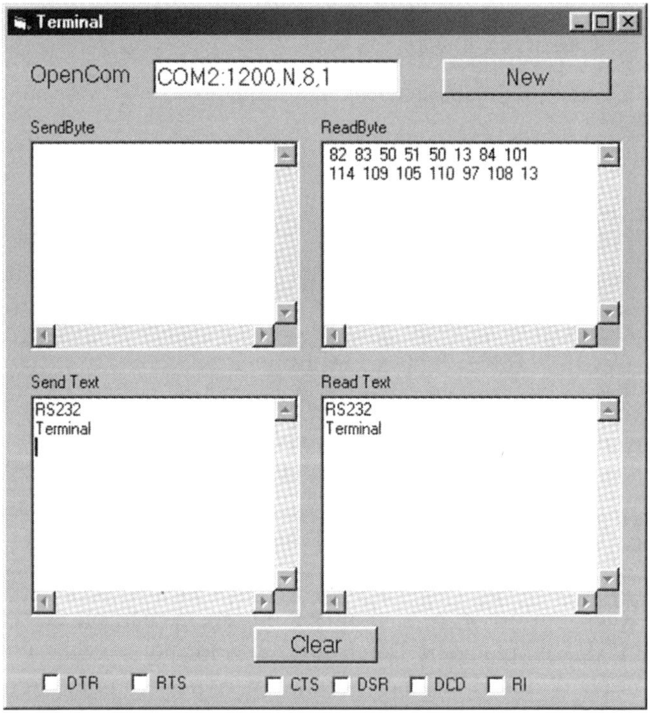

Abbildung 10.3: Textübertragung mit dem Terminalprogramm.

Die andere Art der Interpretation übertragener Daten ist die als Text. Textzeichen sind immer auch Bytes. Abb. 10.3 zeigt die Übertragung von Textzeichen. Die Leitungen TxD und RxD wurden für diesen Test direkt verbunden, sodass der eingegebene Text an der selben Schnittstelle wieder empfangen wurde. Der ASCII-Zeichensatz definiert bekanntlich, welches Textzeichen durch welchen Zahlenwert repräsentiert wird. Der Zahlenwert 65 steht für das große A, 49 steht für die Ziffer 0. Wer Texte überträgt, kümmert sich normalerweise nicht um den ASCII-Code. Es gibt jedoch Fälle, in denen eine genauere Betrachtung sinnvoll ist. Wer z.B. vor der Aufgabe steht ein Messgerät mit serieller Schnittstelle über ein Programm abzufragen, findet sich oft in einem Dschungel unklarer Auskünfte in der Betriebsanleitung wieder. Oft werden Textdaten und binäre Daten gemischt eingesetzt.

Das Terminalprogramm nach Listing 10.2 unterstützt von vornherein beide Interpretationen von Zeichen. Eingehende Daten werden gleichzeitig als Bytes und als Textzeichen dargestellt. Man sieht dann sehr schnell, was gemeint ist. Auch beim Senden hat man die Möglichkeit, beide Formate zu verwenden. Im unteren Fenster tippt man einfach Texte ein, die Zeichen für Zeichen übertragen werden. Im oberen Fenster dagegen werden Zahlenwerte zwischen 0 und 255 eingegeben und mit der Return-Taste bestätigt.

```
Dim n

Private Sub Check1_Click()
  If Check1.Value Then DTR 1 Else DTR 0
 End Sub

Private Sub Check2_Click()
  If Check2.Value Then RTS 1 Else RTS 0
 End Sub

Private Sub Command1_Click()
  CLOSECOM
  OPENCOM Text1.Text
  DTR 0
  Check1.Value = False
  RTS 0
  Check2.Value = False
 End Sub

Private Sub Command2_Click()
 Text2.Text = ""
 Text3.Text = ""
```

```
 Text4.Text = ""
 Text5.Text = ""
 End Sub

Private Sub Form_Load()
  OPENCOM "COM2:1200,N,8,1"
  DTR 0
  Check1.Value = False
  RTS 0
  Check2.Value = False
 End Sub
 Private Sub Form_Unload(Cancel As Integer)
  CLOSECOM
 End Sub
 Private Sub Text2_Change()
  If Text2.Text > "" Then Char = Asc(Right$(Text2.Text, 1))
  If Char = 10 Then
    Byt$ = (Right$(Text2.Text, 5))
    dat = Val(Byt$)
    dat = dat And 255
    SENDBYTE dat
  End If
 End Sub

Private Sub Text4_KeyPress(KeyAscii As Integer)
  SENDBYTE KeyAscii
 End Sub

Private Sub Timer1_Timer()
  Do
    dat = READBYTE
    If dat > -1 Then
      Text3.Text = Text3.Text + Str$(dat) + " "
       n = n + 1
   If n = 8 Then n = 0: Text3.Text = Text3.Text + Chr(13) + Chr(10)
      Text3.Refresh
    End If
    If (dat > -1) And (dat <> 13) And (dat <> 19) Then
      Text5.Text = Text5.Text + Chr$(dat)
    End If
    If dat = 13 Then
      Text5.Text = Text5.Text + Chr$(13) + Chr$(10)
      Text5.Refresh
    End If
  Loop Until dat = -1
  If CTS = 1 Then Check3.Value = 1 Else Check3.Value = 0
  If DSR = 1 Then Check4.Value = 1 Else Check4.Value = 0
  If DCD = 1 Then Check5.Value = 1 Else Check5.Value = 0
  If RI = 1 Then Check6.Value = 1 Else Check6.Value = 0
 End Sub
```

Listing 10.2: Das RS232-Terminal (Terminal.vbp).

Beim Senden von Text im unteren Eingabefenster (Text4) werden Textzeichen unverändert übertragen, die den einzelnen Tasteneingaben entsprechen. Visual Basic liefert dazu den Zeichenwert in der Variablen KeyAscii, der direkt an SENDBYTE weitergegeben werden kann. Auch die Returntaste liefert ein Zeichen, nämlich das Line-Feed-Zeichen 10.

Die Interpretation von Zahlenwerten im oberen Textfenster (Text2) ist etwas aufwendiger. Das Programm muss zunächst abwarten, bis der Anwender eine Zahleneingabe mit der Return-Taste bestätigt. Der Text enthält dann an letzer Stelle das LF-Zeichen 10. Nun werden die letzen vier Zeichen abgetrennt und von einem Text in einen Zahlenwert umgewandelt. Dieser sollte nun ein Wert zwischen 0 und 255 sein. Zur Sicherheit gegen Fehleingaben von größeren Zahlen wird der übergebene Wert mit „AND 255" begrenzt.

Der Empfang von Zeichen erfolgt in einer Timer-Prozedur. Alle 100 ms wird nachgesehen, ob Zeichen eingetroffen sind. Damit es zu keinem Stau kommt, werden jedes Mal alle angekommenen Zeichen ausgelesen und verarbeitet, bis READBYTE das Ergebnis –1 liefert, also auf einen leeren Puffer trifft. Die empfangenen Zeichen werden auf den beiden Ausgabefenstern Text3 und Text5 dargestellt.

Bei der Ausgabe im Zahlenformat im Textfernster Text3 werden die Zahlenwerte in Zeilen zu jeweils acht Bytes angeordnet. Danach erfolgt jeweils ein Zeilenumbruch mit den Sonderzeichen Line Feed (LF, ASCII 10) und Carriage Return (CR, ASCII 13).

Die Textausgabe im Fenster Text5 muss ebenfalls Zeilenumbrüche besonders behandeln. Das Sonderzeichen LF wird abgefangen und durch LF und CR ersetzt. Alle anderen Zeichen werden direkt an den Text angehängt. Im Ergebnis erscheint ein Text in der Ausgabe genauso, wie er im Eingabefenster eingegeben wurde.

Das Programm lässt sich als universelles Werkzeug zur Erprobung serieller Verbindungen einsetzen. Eine weitere Hilfestellung bietet die direkte Zugriffsmöglichkeit auf alle Handshakeleitungen im selben Programm. Manche Geräte benötigen bestimmte Zustände an DTR oder RTS. So erhält z.B. die serielle PC-Maus ihre Betriebsspannung über die RTS-Leitung. Man kann den Datentransfer einer Maus mit dem Terminalprogramm untersuchen. Abb. 10.4 zeigt ein Ergebnis.

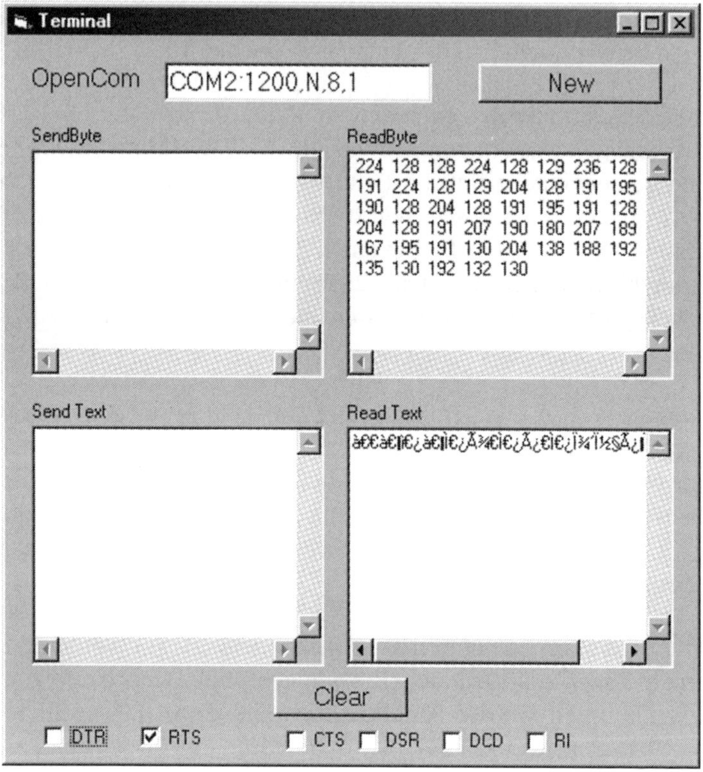

Abbildung 10.4: Empfang binärer Daten von einer seriellen Maus.

10.3 Untersuchung serieller Zeichen

Für das genaue Verständnis der seriellen Datenübertragung über die RS232-Schnittstelle ist es sinnvoll, die übertragenen Zeichen einmal mit einem Oszilloskop oder einem Logikanalysator zu untersuchen.

Hier wird zu diesem Zweck der Logikanalysator aus Kap. 9.1 verwendet und leicht umgebaut. Serielle Zeichen werden mit SENDBYTE erzeugt und über die Leitung CTS eingelesen. Der Versuch erfordert eine direkte Verbindung zwischen TxD und CTS.

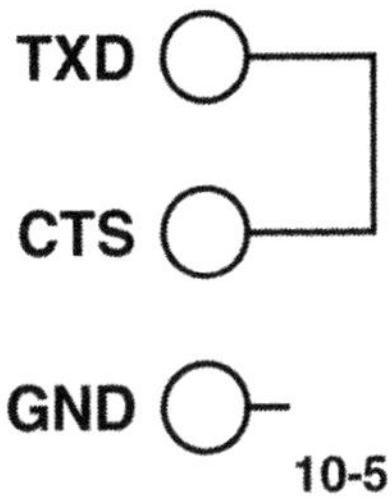

Abbildung 10.5: Analyse serieller Zeichen.

Listing 10.3 zeigt die entscheidende Veränderung im Programm. Während der Aufnahme von Daten wird an einer Stelle ein SENDBYTE eingefügt. Genau beim hundertsten Sample beginnt die Aussendung. Da der UART die eigentliche Arbeit übernimmt, bleibt dem Programm genügend Zeit, die Aussendung zu beobachten.

```
Private Sub Command1_Click()
  REALTIME (True)
  TIMEINITUS
  For n = 1 To 13000
    Ch1(n) = CTS(2)
    Ch2(n) = RI(2)
    If n = 100 Then SENDBYTE 2, 85
    While TIMEREADUS < (n * 20)
    Wend
  Next n
  REALTIME (False)
  Plot
 End Sub
```

Listing 10.3: Die eingebaute Testprozedur.

Das veränderte Programm Logger2 verwendet nicht die PORT.DLL, sondern die in Kapitel 12 vorgestellte RS232.DLL. Der Grund dafür liegt in einer unterschiedlichen Behandlung von SENDBYTE. Während die PORT.DLL für eine erweiterte Fehlerkontrolle zusätzliche Zeit beansprucht, gibt die RS232.DLL den Befehl zum Absenden des Zeichens und kümmert sich dann nicht weiter darum. Deshalb kehrt das Programm ausreichend schnell wieder zur Hauptschleife zurück und kann nun die physikalische Verarbeitung des Zeichens aufnehmen. Bei der RS232.DLL kann mit mehreren Schnittstelen gearbeitet werden. Jeder Funktion muss daher auch die Nummer der gerade verwendeten Schnittstelle übergeben. Statt mit „CTS“ muss der Zustand der Leseleitung deshalb nun mit „CTS(2)“ abgefragt werden. Ebenso muss bei SENDBYTE nun die Schnittstelle mit angegeben werden. Mit „SENDBYTE 2,1“ wird das Byte 1 über COM 2 gesendet. Abb. 10.6 zeigt das Ergebnis der Messung. Die Schnittstelle wurde hier mit 1200 Baud, acht Datenbits und einem Stoppbit, sowie ohne Paritätsbit geöffnet.

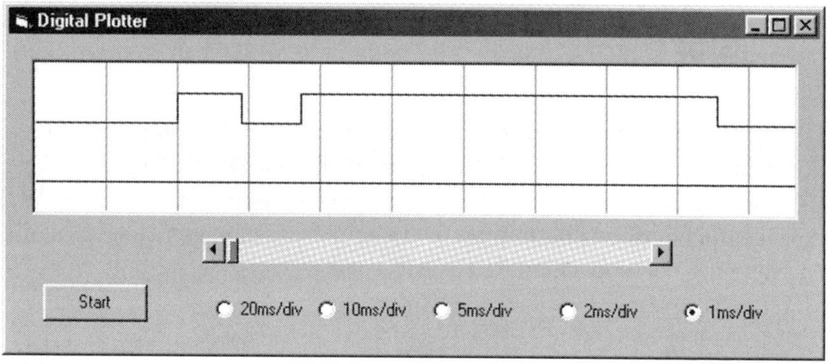

Abbildung 10.6: *Senden eines Byte 1 bei 1200 Baud.*

Bei einer Übertragungsrate von 1200 Baud benötigt ein Bit eine Zeit von 1 s/1200 = 833 µs. Links im Bild erkennt man das Startbit mit der Länge von 0,833 ms. Es folgen acht Abschnitte mit ebenfalls jeweils 0,833 ms. Nur das erste Bit nach dem Startbit hebt sich mit einem Nullpegel deutlich aus dem Datenstrom ab. Da hier eine Eins gesendet wurde, erkennt man, dass die niederwertigen Bits zuerst übertragen werden und dass Datenbits mit invertiertem Pegel gesendet werden. Es folgen noch sieben High-Zustände mit ebenfalls jeweils 0,833 ms. Sie stehen für die sieben noch folgenden Nullbits. Das gelesene Byte lautet also 00000001 = 1. Danach folgt, wenn auch unsichtbar, ein Stoppbit als Nullpegel. Das Stoppbit ist nichts anderes als die kleinste mögliche Pause zu einem eventuell folgenden Zeichen. Die tatsächliche Pause kann beliebig lang sein.

Aus diesem Aufbau eines seriellen Zeichens folgt der erforderliche Ablauf beim Empfang eines Zeichens im UART. Der Baustein muss seine Eingangsleitung laufend beobachten, bis eine Low-High-Flanke auftaucht. Das ist dann der Beginn eines Startbits. Nun muss der UART einen inneren Zeitmesser starten und dieses Startbit abwarten. Darauf muss noch einmal eine halbe Bitlänge gewartet werden, um dann den Pegel abzufragen. So wird das erste Bit gelesen. Jedes folgende Bit wird jeweils genau eine Bitlänge später eingelesen. Damit ist der Lesevorgang theoretisch eine halbe Bitlänge vor dem Erreichen des Stoppbits abgeschlossen.

Man sieht, dass eine Synchronisation auf den Datenrahmen nur einmal, nämlich am Anfang des Startbits stattfindet. Der übrige Zeitrahmen muss genau bekannt sein und auch relativ exakt eingehalten werden. Falls ein Sender mit einer anderen Baudrate als der Empfänger arbeitet, muss es notwendig zu Lesefehlern kommen. Moderne UARTS begnügen sich übrigens nicht mit einer einzelnen Abtastung jedes Datenbits, sondern lesen etwa in der Mitte des Bits z.B. drei Zustände ein, die im Normalfall gleich sein sollten. Falls es jedoch aufgrund von Störungen zu ungleichen Ergebnissen kommen sollte, wird eine Mehrheitsentscheidung gefällt. Auf diese Weise erreicht man eine größere Datensicherheit.

Mit der gleichen Methode kann man nun alle anderen möglichen Zeichen zwischen 0 und 255 untersuchen. Abb. 10.7 zeigt ein Ergebnis für ein gesendetes Byte 85 = 01010101. Man sieht hier sehr schön die Lage der einzelnen seriellen Bits, da jeweils eine Null und eine Eins sich abwechseln.

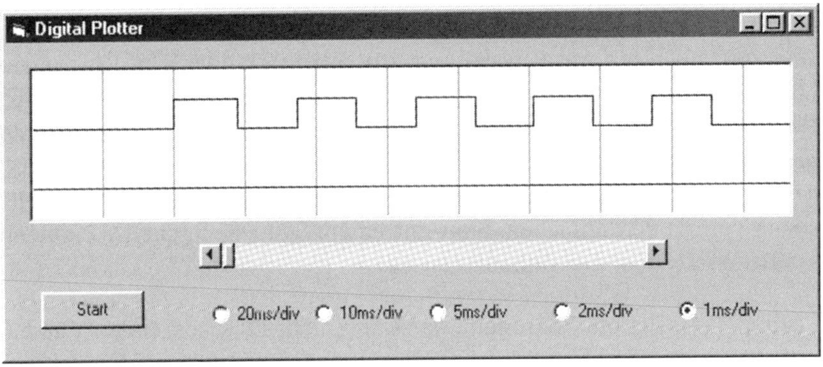

Abbildung 10.7: Übertragung eines Zeichens 85.

Wenn man auch die Länge des Stoppbits sehen will, muss man mehrere Bytes ohne Abstand in Folge senden. Abb. 10.8 zeigt ein Ergebnis für mehrere Bytes 85. Man erkennt einen ununterbrochen Datenstrom aus Einzelimpulsen. Es ist nicht mehr einfach zu erkennen, wo ein Zeichen aufhört und wo das nächste beginnt. Der serielle Empfänger löst das Problem durch Mitzählen der Bits eines Zeichens.

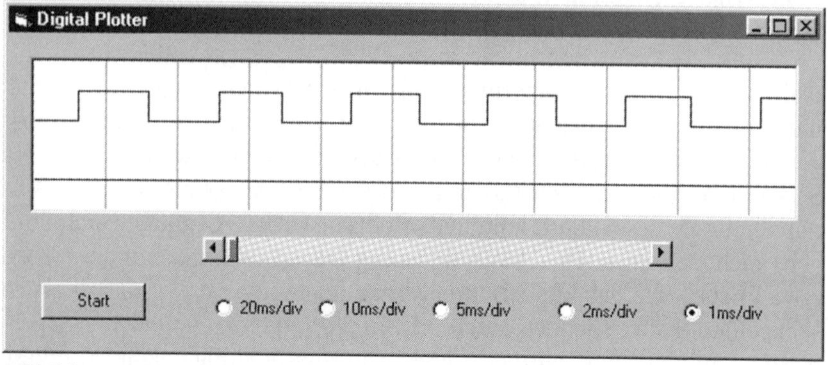

Abbildung 10.8: *Ein endloser Bitstrom beim Senden mehrerer Zeichen 85.*

10.4 Eigene Sende- und Empfangsroutinen

Da nun das Geheimnis der seriellen Datenübertragung gelüftet ist, ist es auch nicht mehr schwer, die Aufgabe ohne die Hilfe des UART zu lösen. An einer beliebigen Ausgangsleitung, z.B. auch DTR oder RTS, kann ebenfalls ein serielles Signal erzeugt werden. Nur muss man dabei auf den entscheidenden Vorteil des UART verzichten und einen Zeitverlust durch die Übertragung in Kauf nehmen. Trotzdem kann dieses Verfahren sinnvoll sein. Immerhin ist es auf diese Weise möglich, eine serielle Schnittstelle sozusagen zu verdreifachen. Statt nur einem Sendekanal an TxD können bei Bedarf zwei weitere hinzukommen.

Listing 10.4 zeigt ein Programm, das Daten über DTR aussendet. Wie bereits zuvor werden hier zum Test Daten eines Schiebereglers gesendet. Zur Kontrolle werden sie über den UART eingelesen. Es muss also eine Verbindung zwischen DTR und RxD hergestellt werden.

```
Private Sub Form_Load()
 OPENCOM "COM2:1200,N,8,1"
 DTR 0
 End Sub

Private Sub Form_Unload(Cancel As Integer)
  CLOSECOM
 End Sub Private Sub SendByteDTR(Dat!)
  REALTIME True
  TIMEINITUS
  DTR 1
  While TIMEREADUS < 833
  Wend  For n = 1 To 8
    If (Dat And 1) = 1 Then DTR 0 Else DTR 1
    While TIMEREADUS < (833 * (n + 1))
    Wend
    Dat = Int(Dat / 2)
  Next n
  DTR 0
  REALTIME False
 End Sub

Private Sub Command1_Click()
  d = HScroll1.Value
  SendByteDTR Int(d)
 End Sub

Private Sub HScroll1_Change()
  Label1.Caption = Str(HScroll1.Value)
 End Sub

Private Sub Timer1_Timer()
  d = READBYTE
  If d > -1 Then Text1.Text = Str$(d)
 End Sub
```

Listing 10.4: Erzeugen eines seriellen Signals über DTR (RSbyteDTR.vbp).

Die Prozedur SendByteDTR sendet ein Byte als seriellen Datenstrom an DTR. Die Übertragungsrate beträgt 1200 Baud. Diese Geschwindigkeit ist noch gut zu verarbeiten. Die einzelnen Bitlängen werden nicht mit einem Delay-Befehl erzeugt, weil sich dann Zeitfehler durch die einzelnen Verarbeitungsschritte aufaddieren würden. Stattdessen wird hier der Mikrosekunden-Zeitgeber der PORT.DLL gestartet, um dann jeweils bestimmte Zeitpunkte abzuwarten. Nach dem Startbit werden acht Datenbits in einer Schleife verarbeitet. Es wird jeweils das Bit an der Stelle Null getestet und DTR entsprechend gelöscht oder gesetzt. Mit einer Division durch zwei werden die einzelnen Bits jeweils um eine Stelle nach rechts geschoben, bis auch das höchstwertige Bit verarbeitet wurde.

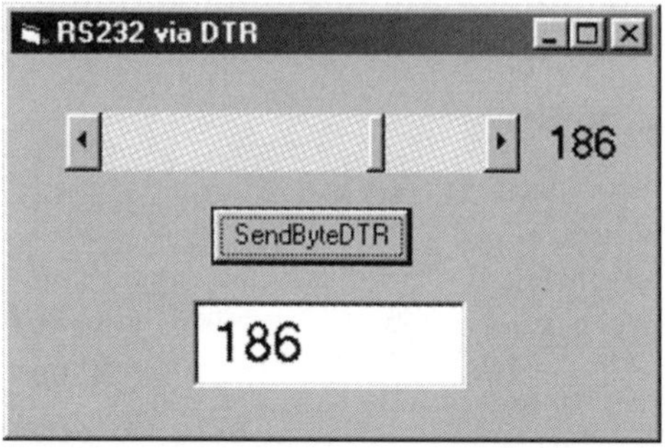

Abbildung 10.9: *Übertragungstest für serielle Daten an DTR.*

Abb. 10.9 zeigt das Testprogramm. Man kann mit dem Schieberegler beliebige Bytes vorgeben, die dann über DTR abgesandt werden. Die über RxD empfangenen Zeichen werden in einem Textfenster zur Kontrolle angezeigt. Die Zuverlässigkeit der Übertragung hängt u.a. vom der Arbeitsgeschwindigkeit des PCs ab. Man kann für den eigenen PC die Grenze ausloten, indem man die Baudrate schrittweise erhöht. Dazu müssen jeweils die Baudrate bei OPENCOM und die Bitzeiten in der Senderoutine angepasst werden.

An einem PC mit dem Pentium MMX/300 wurde dieser Test noch bei 9600 Baud erfolgreich durchgeführt. Die Bitzeit beträgt hier 1 s/9600 = 104 µs. Listing 10.5 zeigt die veränderten Prozeduren des Programms.

```
Private Sub Form_Load()
 OPENCOM "COM2:9600,N,8,1"
 DTR 0
 End Sub
 Private Sub Form_Unload(Cancel As Integer)
  CLOSECOM
 End Sub
 Private Sub SendByteDTR(Dat!)
  REALTIME True
  TIMEINITUS
  DTR 1
  While TIMEREADUS < 104
  Wend
  For n = 1 To 8
    If (Dat And 1) = 1 Then DTR 0 Else DTR 1
    While TIMEREADUS < (104 * (n + 1))
    Wend
```

```
    Dat = Int(Dat / 2)
  Next n
  DTR 0
  REALTIME False
End Sub
```

Listing 10.5: Änderung des Programms für 9600 Baud.

Natürlich kann man auch eine entsprechende Empfangsroutine schreiben. Dabei gibt es allerdings ein grundsätzliches Problem. Der Empfänger sollte ja immer auf den Empfang eines Zeichens vorbereitet sein. Dies bedeutet jedoch, dass der PC nichts anderes mehr tun kann, als auf die Empfangsleitung zu achten. Solange kein Zeichen eintrifft, scheint der PC blockiert.

Ein ähnliches Problem trat ja auch beim Empfang von RC5-Signalen auf. Dort konnte es gelöst werden, indem eine Timeout-Bedingung eingebaut wurde. Die Empfangsroutine wurde regelmäßig angesprungen, wobei jedes Mal versucht wurde, Signale zu empfangen. Dabei ist nicht auszuschließen, dass der Empfang gestartet wird, wenn die Aussendung der Daten bereits begonnen wurde. Dies führt dann zu Lesefehlern, die im Falle des RC5-Signals jedoch erkannt werden. Da die Daten mehrmals wiederholt werden, sind die Leseversuche irgendwann von Erfolg gekrönt.

Im Falle von RS232-Signalen verhält es sich völlig anders. Wenn hier der Empfänger den Anfang eines Zeichens verpasst hat, kommt es zu einem Lesefehler, der sich nicht zu erkennen gibt. Der Empfänger muss also vor dem Beginn der Aussendung gestartet worden sein. Zwar kann man auch hier ein Timeout einbauen, aber wenn es erreicht wird, ist dies gleichbedeutend mit einem Misserfolg des Empfangsversuchs. Es hat also keinen Sinn, eine eigene Empfangsroutine zu pollen, also ab und zu mal nachzusehen, ob sich etwas auf der Leitung tut. Was man eigentlich bräuchte, ist ein Interrupt, also eine Unterbrechungsanforderung bei einem Pegelwechsel an der Empfangsleitung. Diese Methode steht aber in VB nicht zur Verfügung.

Trotz alledem gibt es Fälle, in denen eine eigene Empfangsroutine sinnvoll eingesetzt werden kann. Es funktioniert immer dann, wenn genau bekannt ist, wann und wie viele serielle Zeichen zu erwarten sind. Über ein Programm wird z.B. eine Anfrage an ein Gerät gesandt. Es kann sich dabei um ein Steuerbyte handeln, das aus einer eigenen Senderoutine abgesandt wird. Das Gerät antwortet nun ohne Verzögerung mit einem Byte. Man braucht also nur die Empfangsroutine sofort nach der Senderoutine zu starten. Da danach keine weiteren Bytes mehr zu erwarten sind, braucht das Empfangsprogramm nicht erneut gestartet zu werden. Eine mögliche Timeout-Bedingung beim Empfang tritt nur dann ein, wenn eine technische Störung vorliegt, als z.B. wenn das fragliche Gerät nicht angeschlossen ist.

Eine solche Empfangsroutine soll hier ohne ein zusätzliches Gerät getestet werden. Ein serielles Signal wird hier zum Test wieder vom UART des PCs über TxD erzeugt. Eine Verwendung der eigenen Senderoutine ist nicht möglich, weil Sender und Empfänger nicht gleichzeitig arbeiten können. Bei der Hardware-Schnittstelle des PCs ist das anders. Beide Funktionsblöcke arbeiten völlig unabhängig auch gleichzeitig nebeneinander. Man sagt hier, die Schnittstelle ist voll-duplex. Die eigene Schnittstelle kann dagegen nur halb-duplex arbeiten, also nacheinander senden und empfangen. Wenn allerdings im Test die Hardware-Schnittstelle den Sendevorgang übernimmt, bleibt gerade noch genügend Zeit, den eigenen Empfänger zu starten.

Listing 10.6 zeigt komplette Programm. Auch hier muss wieder die RS232.DLL eingesetzt werden, weil nur so eine unverzügliche Aussendung eines Bytes nach dem SENDBYTE-Kommando möglich ist.

```
Private Sub Form_Load()
 OPENCOM 2, 1200, 8, 0, 1, 100, 100
 DTR 2, 0
End Sub
 Private Sub Form_Unload(Cancel As Integer)
  CLOSECOM 2
 End Sub
 Private Sub SendByteDTR(Dat!)
  REALTIME True
  TIMEINITUS
  DTR 2, 1
  While TIMEREADUS < 833
  Wend
  For n = 1 To 8
    If (Dat And 1) = 1 Then DTR 2, 0 Else DTR 2, 1
    While TIMEREADUS < (833 * (n + 1))
    Wend
    Dat = Int(Dat / 2)
  Next n
  DTR 2, 0
```

```
  REALTIME False
 End Sub

Private Function ReadByteCTS()
  Dat = 0
  REALTIME True
  TIMEINIT
  While (CTS(2) = 0) And (TIMEREAD < 500)
  Wend
  TIMEINITUS
  While TIMEREADUS < (1.5 * 833)
  Wend
  For n = 1 To 8
    Dat = Int(Dat / 2)
    If CTS(2) = 0 Then Dat = Dat + 128
    While TIMEREADUS < ((n + 1.5) * 833)
    Wend
  Next n
  If TIMEREAD > 500 Then Dat = -1
  ReadByteCTS = Dat
 End Function
 Private Sub Command1_Click()
  d = HScroll1.Value
  SENDBYTE 2, Int(d)
  Text1.Text = Str$(ReadByteCTS())
 End Sub

Private Sub HScroll1_Change()
  Label1.Caption = Str(HScroll1.Value)
 End Sub
```

Listing 10.6: *Empfang von Zeichen über die CTS-Leitung (RSbyteCTS.vbp).*

Abb. 10.10 zeigt das laufende Programm. Bei 1200 Baud konnten Zeichen korrekt empfangen werden. Wenn man die Verbindung TxD-CTS trennt, kommt es zu einem Timeout. Die Empfangsroutine liefert dann den Wert –1 als Fehlermeldung.

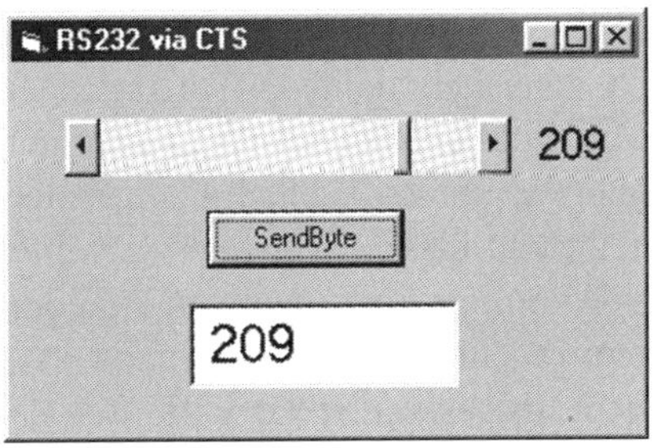

Abbildung 10.10: *Empfang serieller Zeichen über CTS.*

Insgesamt lassen sich an einer seriellen Schnittstelle drei serielle Sender und fünf serielle Empfänger verwenden, wenn man den normalen Empfang über RxD und READBYTE mitzählt. Allerdings muss bei jeder möglichen Anwendung beachtet werden, dass die zusätzlichen Schnittstellen nicht voll-dupexfähig sind.

Eine erdachte Anwendung soll den möglichen Einsatz eigener Sende- und Empfangsroutinen verdeutlichen. Von einem Master-PC aus soll über eine einzige serielle Schnittstelle an drei andere PCs Nachrichten verschickt werden, die der Einfachheit halber nur aus einzelnen Bytes bestehen sollen. Bei Bedarf können den 255 möglichen Nachrichten Texte zugeordnet werden wie z.B. „1: Bitte zur Kaffeepause kommen“, „2: Wo bleibt die Post?“, „3: Mach die Tür zu, es zieht!“ usw.

Auf jedem der drei angeschlossenen PCs läuft ein kleines Programm, das in regelmäßigen Abständen nachsieht, ob gerade eine Nachricht eingeht. Immer wenn eine Nachricht empfangen wird, wird diese unverändert zur Bestätigung wieder zurückgesandt. Der fehlerfreie Empfang wird aber auch durch den Vergleich mit der letzten Nachricht überprüft. Umgekehrt erhält auch der Absender eine Bestätigung, dass seine Nachricht angekommen ist.

Das Problem der zeitlichen Synchronisierung mit seriellen Schnittstellen ohne Zeichenempfang im Hintergrund kann hier durch eine mehrmalige Wiederholung von Nachrichten gelöst werden. Da die gesamte Übertragung in Timer-Prozeduren abläuft, sind die Empfänger die meiste Zeit nicht aktiv. Der Absender erhält also keine Bestätigung seiner Nachricht und weiß, dass er sie wiederholen muss. Umgekehrt startet der Empfänger seine Empfangsroutine meist um falschen Moment. Er erhält dann ein Timeout und ein Ergebnis –1, das als Fehlversuch ausgesondert wird. Es besteht jedoch eine von den verwendeten Timeout-Zeiten abhängige Wahrscheinlichkeit der erfolgreichen Datenübertragung. Nach zwei gelungenen Übertragungen wissen Sender und Empfänger, dass eine gültige Nachricht angekommen ist. Beim Sender und Empfänger sollten etwas unterschiedliche Timerintervalle eingestellt sein, damit Nachrichten nicht über längere Zeiten immer wieder in die selbe Empfangslücke treffen können. Bei geeigneten Timeoutzeiten lässt sich z.B. erreichen, dass eine Nachricht im Schnitt nach etwa zehn Versuchen ihren Empfänger erreicht. Insgesamt ist das Verfahren natürlich nicht sehr effektiv, da alle beteiligten PCs einen erheblichen Teil ihrer Rechenzeit dafür verbrauchen, einzelne Bytes zu übertragen. Man muss das Ganze also eher als lehrreiches Experiment betrachten, bei dem natürlich Probleme gelöst werden, die in anderen Größenordnungen auch auf effektiveren Netzen auftreten.

10.5 Datenübertragung durch Licht

Die optische Datenübertragung wird immer wichtiger. Zum einen kann man eine Vielzahl möglicher Störungen umgehen. Und zum Anderen bietet sich hier eine Chance, den allgemeinen Kabelsalat zu reduzieren.

Ein einfacher Versuch zur optischen Signalübertragung benötigt nur eine IR-Sendediode und einen Fototransistor. Abb. 10.11 zeigt den möglichen Anschluss. Während der Sender direkt an TxD betrieben wird, benötigt der Empfänger eine Hilfsspannung, die man z.B. von der hochgesetzten DTR-Leitung bekommen kann. Sobald Licht der Sendediode auf den Fototransistor fällt, fließt Strom, und TxD wird hochgezogen. Damit erhält man das originalgetreue Signal von TxD auch an RxD.

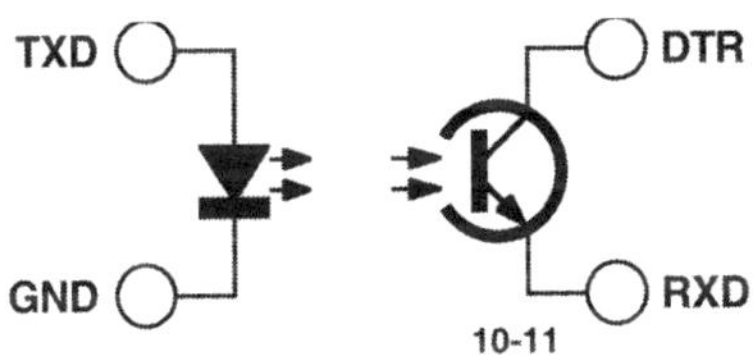

Abbildung 10.11: Eine einfache Licht-Übertragungsstrecke.

Der Versuch kann z.B. mit dem Terminalprogramm aus Kap. 10.2 durchgeführt werden. Dabei spielt es keine Rolle, ob Daten zwischen zwei PCs ausgetauscht werden, oder ob man den Versuch mit einem PC und lokaler Rückkopplung durchführt. Man muss nur daran denken, die DTR-Leitung beim Empfänger einzuschalten.

Die einfache Übertragungsstrecke hat nur eine geringe Reichweite von wenigen Millimetern. Man kann jedoch Lichtwellenleiter einsetzen und kommt dann schon auf einige Meter. Es gibt spezielle Lichtsender und -empfänger, die sich einfach mit üblichen Lichtwellenleitern verbinden lassen. Beispiele sind die Sendediode SFH250 und der Fototransistor SFH350, die Bohrungen zur Aufnahme von Lichtwellenleitern haben. Mit einer solchen Lichtleiterstrecke können Daten mit beliebigen Übertragungsraten bis 115200 Baud übertragen werden.

Will man größere Reichweiten auch im freien Raum erreichen, dann kann man modulierte Signale einsetzen, wie sie z.B. bei IR-Fernbedienungen üblich sind. Ein passender Sender wurde bereits in Kap. 9.3 vorgestellt. Hier soll nun versucht werden, einen Empfänger für normale serielle Signale mit einem üblichen IR-Empfängerbaustein aufzubauen. Abb. 10.12 zeigt die Schaltung. Das Empfangssignal muss durch eine Transistorstufe invertiert werden, damit es den Ruhepegel Null hat.

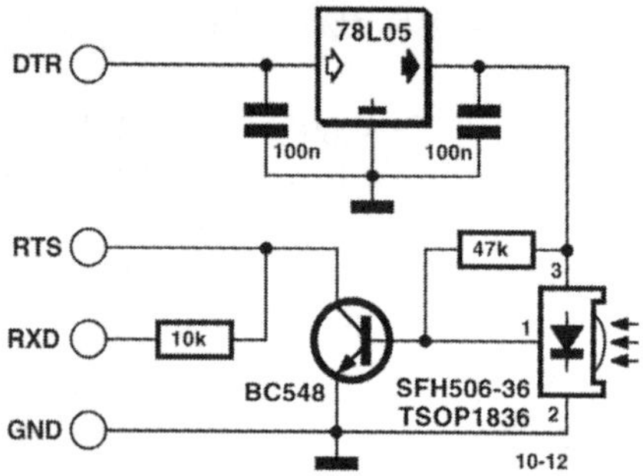

Abbildung 10.12: Ein Lichtempfänger für modulierte Lichtsignale.

Es ist nicht selbstverständlich, dass ein Lichtempfänger wie der SFH506 oder der TSOP1836 für die Übertragung von RS232-Signalen geeignet ist. Die Bausteine sind für den Empfang von Fernbedienungssignalen optimiert. Die Aufgabe besteht darin, bei großer Umgebungshelligkeit eine möglichst große Reichweite zu erzielen. Dies gelingt durch ein Bandpassfilter und eine automatische Verstärkungsregelung, wie man sie aus Radioempfängern kennt. Eine solche Regelschaltung hat immer eine Zeitkonstante, die für den gegebenen Einsatzzweck optimiert sein muss.

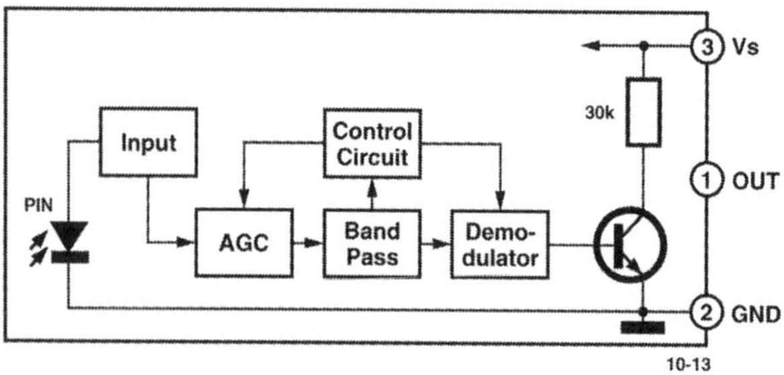

Abbildung 10.13: Blockschaltbild eines TSOP18xx.

Die Schaltungstechnik der integrierten Lichtempfänger bringt gewisse Einschränkungen mit sich. Vor allem dürfen die modulierten Sendeimpulse nicht zu kurz und nicht zu lang sein. Die Schaltung eignet sich nicht für Dauerpegel, weil dabei die automatische Verstärkungsregelung zu weit zurückregeln würde.

Das Datenblatt nennt folgende Einschränkungen:

- Ein Burst muss mindestens aus 6 Impulsen bestehen, also bei 36 kHz mindestens 167 µs lang sein.
- Nach jeden Burst ist eine Pause von mindestens 9 Impulsen nötig (250 µs).
- Spätestens alle 90 ms muss eine Pause von mindestens 15 ms eingehalten werden.

Wenn man vor allem die letzte Forderung immer erfüllen will, müssen die geforderten 15 ms durch die Stoppbits eines seriellen Signals sichergestellt werden. Der ungünstigste Fall liegt vor, wenn man eine kontinuierliche Folge von Nullbytes sendet. Dann nämlich sind das Startbit und acht Datenbits eingeschaltet. Nur das Stoppbit bildet eine Pause. Das bedeutet streng genommen, dass die maximale Baudrate bei einem kontinuierlichen Datenstrom 130 Baud betragen darf, wenn man zwei Stoppbits verwendet. Günstiger liegen die Verhältnisse, wenn kein kontinuierlicher Datenstrom, sondern sporadische Datenbytes anfallen, wie es z.B. beim Tippen auf einer Tastatur der Fall ist. Aber auch die zufällige Mischung unterschiedlicher Bytes in einem anhaltenden Datenstrom bringt im Durchschnitt genügend Pausen.

Mit dem Terminalprogramm lassen sich leicht verschiedene Übertragungsparameter ausprobieren. Ein ausführlicher Test mit von Hand eingetippten Zeichen ergab, dass alle Baudraten zwischen 50 Baud und 2400 Baud eine fehlerfreie Übertragung ermöglichen. Bei 2400 Baud beträgt die kleinste Impuls- und Pausenlänge 417 µs, was von den Daten des Empfängers abgedeckt wird. Die erreichbare Entfernung zwischen Sender und Empfänger hängt vor allem von der verwendeten Sendediode und ihrem Diodenstrom ab. Das Datenblatt des TSOP18xx gibt eine typische Reichweite von 35 Metern an.

10.6 Auswertung von Impulslängen an RxD

Die Übertragung serieller Nachrichten kann für unterschiedliche Aufgaben eingesetzt werden. Im Normalfall wird man Daten ganz normal über RxD und READBYTE empfangen. Dabei hat man den Vorteil, dass Daten im Hintergrund empfangen und im Empfangspuffer der seriellen Schnittstelle gespeichert werden. Das Empfangsprogramm braucht nicht ununterbrochen auf eine Empfangsleitung zu achten, sondern darf empfangene Zeichen auch mit etwas Verspätung abholen.

Bei der technischen Nutzung der seriellen Schnittstelle taucht die Frage auf, wie denn der einfachste mögliche Sender aussehen muss, der in der Lage ist, ein einzelnes Byte z.B. auf einen Tastendruck hin abzusenden. Die Antwort mag überraschen: Es reicht ein einziger Kondensator, um diese Aufgabe zu erfüllen. Mit ihm wird ein einzelner Ladeimpuls erzeugt, den die Schnittstelle als ein Byte lesen kann. Zwar entsteht hier natürlich kein Rechteckimpuls. Der Eingangs-Schmitttrigger der Schnittstelle liest jedoch ein eindeutiges Signal mit einer definierten Impulslänge.

Wenn das Ereignis wiederholt werden soll, muss auch für die Entladung des Kondensators gesorgt werden. Sie kann über einen Umschaltkontakt oder über einen hochohmigen Ladewiderstand erfolgen. Natürlich benötigt man auch eine Spannungsquelle. Dies kann eine externe Batterie sein oder einfach eine hochgesetzte Handshakeleitung der Schnittstelle selbst. Abb. 10.14 zeigt zwei mögliche Varianten der Schaltung mit einem Kondensator von 0,1 µF.

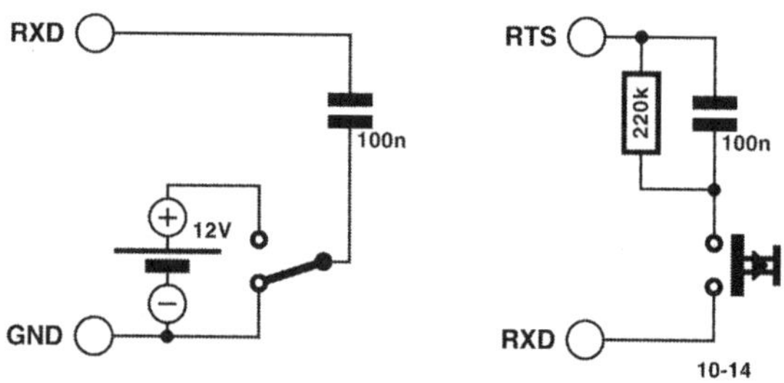

Abbildung 10.14: Serielle Sender mit nur einem Kondensator.

Mit dem Terminalprogramm aus Kap. 10.2 lassen sich die empfangenen Zeichen bei unterschiedlichen Baudraten anzeigen. Ein erster Versuch mit 0,1 µF und RTS als Spannungsquelle brachte folgende Ergebnisse:

1200 Baud	254 = 11111110b	Impuls 110000000
2400 Baud	240 = 11110000b	Impuls 111110000
4800 Baud	0 = 00000000b	Impuls 111111111

Bei der Interpretation der Daten muss jeweils das Startbit mit betrachtet werden. Der selbe Impuls wird natürlich beim Empfang mit unterschiedlichen Baudraten unterschiedlich interpretiert. Eine grobe Abschätzung der tatsächlichen Impulslänge ergibt sich, wenn an fünf Bitlängen bei 2400 Baud addiert. Man kommt dann auf etwa 2,1 ms.

Nun ist es nicht mehr schwierig, sogar mehrere Sender aufzubauen, deren Nachrichten eindeutig unterschieden werden können. Man braucht eigentlich nur unterschiedliche Kondensatoren zu verwenden, sodass sich unterschiedliche Impulslängen und Nachrichten ergeben. So könnte man dann mehrere Ereignisse überwachen. Es wird jeweils ein Kontakt, ein Kondensator und ein Widerstand benötigt. Die Verdrahtung kann mit einer einzigen Zweidrahtleitung erfolgen, wie es in Abb. 10.15 zu sehen ist. Jeder Sender liefert eine Nachricht, die ein entsprechendes Programm in Textform übersetzen könnte: „Kühlschrank wurde geöffnet“, „Küchenfenster wurde geschlossen“ oder „Blumentopf runtergefallen“.

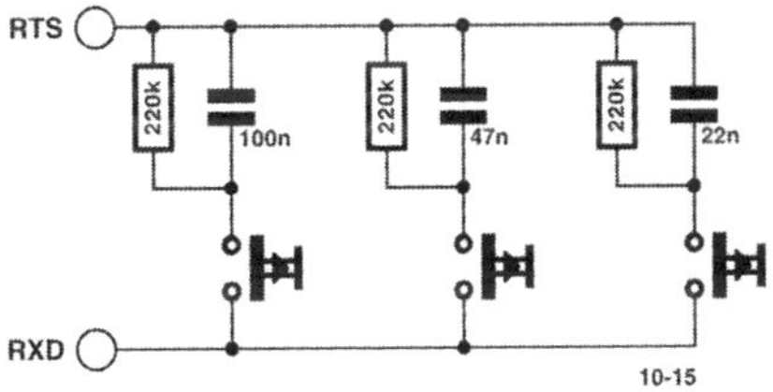

Abbildung 10.15: Mehrere Sender an einer Leitung.

Interessant ist es natürlich auch, von einem Sender mehrere Nachrichten abzusenden. Dies gelingt mit einem zusätzlichen Poti, das die Einstellung der Impulszeit ermöglicht. Es können nun bis zu acht verschiedene Nachrichten von einem Sender aus generiert werden. Man kann z.B. mit einem Drehknopf und einer Skala arbeiten, auf der die einzelnen Nachrichten markiert sind. Die Schaltung nach Abb. 10.16 verwendet zusätzlich eine Diode. Damit ist sogar die Parallelschaltung mehrerer Sender möglich.

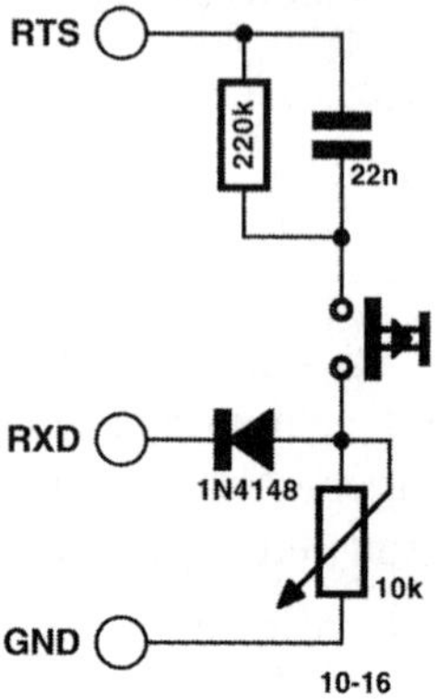

Abbildung 10.16: Schaltung eines Senders für einstellbare Nachrichten.

Die Schaltung eignet sich für eine Baudrate von 9600 Baud. Es können folgende Bytes generiert werden: 0, 128, 192, 224, 240, 248, 252, 254 und 255.

11. Ansteuerung der Windows API in Visual Basic

In allen bisherigen Beispielen wurde die Port.DLL von H.-J. Berndt für den Zugriff auf die serielle Schnittstelle verwendet. Damit ist die Programmierung relativ einfach. Es taucht jedoch oft die Frage auf, ob es auch ohne eine DLL geht. In vielen Fällen ist es wünschenswert, dass man ein eigenes Programm ohne eine DLL weitergeben kann. Außerdem will mancher sicher gern erfahren, was denn eigentlich wirklich abläuft, wenn man die RS232-Schnittstelle unter Windows verwendet.

In diesem Kapitel wird der direkte Zugang zur seriellen Schnittstelle gezeigt. Alle Funktionen basieren auf der Windows-API, also der allgemeinen Funktionen-Sammlung von Windows selbst. Hier wird also der korrekte Weg über Windows genommen. Die Zugriffe funktionieren daher ebenfalls unter Windows 2000 und Windows NT.

Die Programmierung ohne eine DLL ist prinzipiell schwieriger als z.B. die Verwendung der Port.DLL. Dort wurden viele Schwierigkeiten vom Anwender fern gehalten. Hier wird daher nur eine kleine Untermenge der dort zugänglichen Funktionen direkt realisiert. Es reicht zunächst, alle Ausgänge direkt zu setzen und alle Eingänge direkt zu lesen. Verzichtet wird hier auf die serielle Kommunikation mit SENDBYTE und READBYTE. Das grundsätzliche Verfahren dazu wird aber später mit einer eigenen DLL in Delphi gezeigt.

11.1 Das Modul RSCOM.BAS

Alle wichtigen Ansteuerfunktionen für die serielle Schnittstelle findet man in Windows-Funktionsbibliotheken, die immer im System vorhanden sind. Speziell die KERNEL32.DLL hält vieles bereit, was man braucht. Wie bisher die Funktionen der PORT.DLL werden nun direkt Funktionen aus dem Windows-System eingebunden.

Grundsätzliche Informationen liefert die Datei Win32.hlp (auf der CD). Allerdings sind alle Informationen in C-Konventionen gehalten, da das Betriebssystem Windows selbst in C geschrieben wurde. Eine zusätzliche Hilfe für die Anwendung der Funktionen in Visual Basic liefert die Datei WIN32API.TXT (ebenfalls auf der CD).

Die serielle Schnittstelle wird grundsätzlich wie eine Datei behandelt. Mit OpenFile öffnet man die Schnittstelle bzw. ihren Windows-Treiber. Man erhält dabei ein Handle auf die Schnittstelle, wenn OpenFile zum Erfolg führte. Ein Handle (engl. Griff) ist eine Nummer, unter der die Schnittstelle von nun an angesprochen werden kann. Man kann sich vorstellen, dass in einem Programm mehrere Dateien und Schnittstellen gleichzeitig geöffnet wurden. Auf diese wird nun mit den selben Funktionen zugegriffen. Über das Handle unterscheidet Windows, welches Gerät oder welche Datei gerade gemeint ist. Es handelt sich um Zahlen meist unter 200, die mit jedem geöffneten Gerät um eins erhöht werden. Aber nicht nur Geräte und Dateien, sondern auch Programme erhalten von Windows ein Handle. Die Funktion OpenFile erhält mehrere Parameter, die hier nicht im Einzelnen erläutert werden sollen, da sie sich z.T. eigentlich auf Dateien beziehen. Welche Einstellungen hier vorzunehmen sind, erfährt man in Win32.Hlp.

Beim Schließen einer Schnittstelle mit CloseHandle wird das Handle wieder freigegeben. Wird dies unterlassen, dann findet das folgendes Programm die Schnittstelle belegt vor und kann sie nicht öffnen, d.h. Windows verweigert die Vergabe eines neuen Handle.

Die eigentlichen Zugriffe auf die Schnittstellenleitungen erfolgen über eigene Windows-Funktionen, die jeweils mit dem Handle der geöffneten Schnittstelle aufgerufen werden müssen. Für die Ausgangsleitungen DTR, RTS und TxD ist die Funktion EscapeCommFunction zuständig. Ihr werden bestimmte vorbereitete Konstanten übergeben, die festlegen, welche Aktion ausgeführt werden soll. SETDTR und CLRDTR erklären sich selbst. SETBREAK setzt die Leitung TxD in den sog. Break-Zustand, schaltet sie also ein. Mit CLRBREAK wird TxD wieder abgeschaltet.

Zum Lesen der Eingangsleitungen dient GetCommModemStatus. Die Funktion liefert einen Zahlenwert, der gleich alle vier Zustände enthält. Über vordefinierte Bitmasken kann aus daraus der Zustand einer einzelnen Leitung ausgelesen werden. Zusätzlich wird aber hier auch die Funktion INPUTS gebildet, mit der man gleich alle vier Leitungen zusammen lesen kann. Das ermöglicht eine erhebliche Zeitersparnis, wenn man mit mehreren Eingangsleitungen arbeitet.

```
'Modem Status Flags
 Const MS_CTS_ON = &H10&
 Const MS_DSR_ON = &H20&
 Const MS_RING_ON = &H40&
 Const MS_RLSD_ON = &H80&

 'Escape Functions
 Const SETXOFF = 1 '  Simulate XOFF received
 Const SETXON = 2 '  Simulate XON received
 Const SETRTS = 3 '  Set RTS high
 Const CLRRTS = 4 '  Set RTS low
 Const SETDTR = 5 '  Set DTR high
 Const CLRDTR = 6 '  Set DTR low
 Const RESETDEV = 7 '  Reset device if possible
 Const SETBREAK = 8 'Set the device break line
 Const CLRBREAK = 9 ' Clear the device break line

 Const GENERIC_READ = &H80000000
 Const GENERIC_WRITE = &H40000000
 Const OPEN_EXISTING = 3

 Declare Function CreateFile Lib "kernel32" Alias "CreateFileA"
    (ByVal lpFileName As String, ByVal dwDesiredAccess As Long,
     ByVal dwShareMode As Long, ByVal NOlpSecurityAttributes As
     Long, ByVal dwCreationDisposition As Long, ByVal
     dwFlagsAndAttributes As Long, ByVal hTemplateFile As Long)
     As Long
 Declare Function CloseHandle Lib "kernel32" (ByVal hObject As Long)
     As Long
 Declare Function EscapeCommFunction Lib "kernel32" (ByVal nCid
     As Long, ByVal nFunc As Long) As Long
 Declare Function GetCommModemStatus Lib "kernel32" (ByVal hFile
    As Long, lpModemStat As Long) As Long

 Dim nCid As Long

 Function OPENCOM(ByVal lpDef As String) As Integer
  nCid = CreateFile(Left(lpDef, 4), GENERIC_READ Or GENERIC_WRITE,
      0, 0, OPEN_EXISTING, 0, 0)
  If nCid > 0 Then OPENCOM = nCid Else OPENCOM = 0
 End Function
```

```
Sub CLOSECOM()
   x = CloseHandle(nCid)
 End Sub

 Sub DTR(Status As Integer)
  If Status = 1 Then EscapeCommFunction nCid, SETDTR Else:
 EscapeCommFunction nCid, CLRDTR
 End Sub

 Sub RTS(Status As Integer)
  If Status = 1 Then EscapeCommFunction nCid, SETRTS Else:
 EscapeCommFunction nCid, CLRRTS
 End Sub

 Sub TXD(Status As Integer)
  If Status = 1 Then EscapeCommFunction nCid, SETBREAK Else:
 EscapeCommFunction nCid, CLRBREAK
 End Sub

 Function CTS() As Integer
  Dim mask As Long
  GetCommModemStatus nCid, mask
  If (mask And MS_CTS_ON) = MS_CTS_ON Then CTS = 1 Else CTS = 0
 End Function

 Function DSR() As Integer
  Dim mask As Long
  GetCommModemStatus nCid, mask
  If (mask And MS_DSR_ON) = MS_DSR_ON Then DSR = 1 Else DSR = 0
 End Function

 Function RI() As Integer
  Dim mask As Long
  GetCommModemStatus nCid, mask
  If (mask And MS_RING_ON) = MS_RING_ON Then RI = 1 Else RI = 0
 End Function

 Function DCD() As Integer
  Dim mask As Long
  GetCommModemStatus nCid, mask
  If (mask And MS_RLSD_ON) = MS_RLSD_ON Then DCD = 1 Else DCD = 0
 End Function

 Function Inputs() As Integer
  Dim mask As Long
  GetCommModemStatus nCid, mask
  Inputs = (Int(mask / 16)) And 15
 End Function
```

Listing 11.1: Das Modul RSCOM.BAS.

Die Anwendung der neu gebildeten Funktionen ist vergleichbar mit denen aus der PORT.DLL. Bei OPENCOM genügt es, einen verkürzten Open-String der Form „COM2“ zu übergeben, da alle übrigen Parameter hier nicht verarbeitet werden.

Neu ist nur die Funktion INPUTS. Sie liefert einen Zahlenwert zwischen 0 und 15. Darin enthalten sind die Zustände der vier Eingangsleitungen mit folgenden Wertigkeiten:

CTS:	1
DSR:	2
RI:	4
DCD:	8

11.2 Das Programm IOtest2

Als Beispiel für die Verwendung des neuen Moduls soll hier das Programm IOtest aus Kap. 3.2 neu aufgebaut werden. Prinzipiell braucht nur die Datei PORTS.BAS durch das Modul RSCOM.BAS ersetzt zu werden. Statt der PORT.DLL wird nun direkt die KERNEL32.DLL angesteuert. Die eigentlichen Funktionen sind ähnlich, allerdings ist etwas zu beachten: Besondere Aufmerksamkeit muss dem Schließen der Schnittstelle geschenkt werden.

Die PORT.DLL verzeiht Fehler beim Schließen einer Schnittstelle. Vor jedem neuen Öffnen wird eine noch offene Schnittstelle automatisch geschlossen. Dies ist möglich, weil die DLL auch dann im Speicher bleibt, wenn ein VB-Programm abgebrochen wird. Die DLL merkt sich das verwendete Handle und kann daher die Schnittstelle schließen. Wenn bei der Arbeit mit VB ein Fehler auftritt und ein Programm abstürzt oder mit einer Fehlermeldung beendet wird, kann aus VB heraus das CLOSECOM-Kommando nicht mehr ausgeführt werden. Die Schnittstelle bleibt daher geöffnet, bis sie bei einem neuen Versuch automatisch geschlossen und erneut geöffnet wird.

Anders verhält es sich bei der Verwendung des neuen Moduls RSCOM.BAS. In diesem Modul wird das Handle global gespeichert und ist während der Ausführungszeit eines Programms bekannt. Das Problem tritt auf, wenn das VB-Programm ohne CLOSECOM beendet wird. Die Schnittstelle bleibt geöffnet und wird nicht wieder freigeben. Ein erneutes Starten des VB-Programms aus der laufenden Entwicklungsumgebung nützt nichts, weil die Schnittstelle nicht erneut geöffnet werden kann. Aus dieser Falle hilft nur das komplette Schließen von Visual Basic. Aus der Sicht von Windows war Visual Basic dasjenige Programm, das die Schnittstelle in Gebrauch genommen hat. Mit der Beendigung von VB werden alle Ressourcen wieder freigegeben. Das bedeutet leider, dass man während der Entwicklungszeit Visual Basic bei jedem ernsteren Fehler erneut starten muss.

CLOSECOM benötigt also eine besondere Aufmerksamkeit. Dementsprechend zeigten sich zwei Stellen im ursprünglichen Programm IOtest, an denen die Schnittstelle noch sorgfältig geschlossen werden musste. In Option1_Click und Option2_Click für die Wahl einer neuen COM-Schnittstelle fehlte CLOSECOM in der ersten Version des Programms, was von der PORT.DLL verziehen wurde.

Ein weiterer Unterschied des neuen Programms betrifft den OPENCOM-String. Es genügt nun, einfach „COM1“ oder „COM2“ zu übergeben. Die übrigen Parameter werden ohnehin nicht ausgewertet und sind überflüssig.

```
Private Sub Form_Load()
 i = OPENCOM("COM2")
 If i = 0 Then
    i = OPENCOM("COM1")
    Option1.Value = True
 End If
 If i = 0 Then MsgBox ("COM Interface Error")
 TXD 1
 RTS 1
 DTR 1
 End Sub

Private Sub Form_Unload(Cancel As Integer)
  CLOSECOM
 End Sub

Private Sub Option1_Click()
 CLOSECOM
 i = OPENCOM("COM1")
 If i = 0 Then MsgBox ("COM1 not available")
 TXD 1
 RTS 1
 DTR 1
End Sub
```

```
Private Sub Option2_Click()
 CLOSECOM
 i = OPENCOM("COM2")
 If i = 0 Then MsgBox ("COM2 not available")
 TXD 1
 RTS 1
 DTR 1
End Sub

Private Sub Timer1_Timer()
  Check1.Value = CTS()
  Check2.Value = DSR()
  Check3.Value = DCD()
  Check4.Value = RI()
  If Check5.Value Then TXD 1 Else TXD 0
  If Check6.Value Then DTR 1 Else DTR 0
  If Check7.Value Then RTS 1 Else RTS 0
 End Sub
```

Listing 11.2: Das Programm IOtest2.vbp.

11.3 Windows-Zeitsteuerung

In jedem PC seit den Tagen des PC-XT steckt ein Hardware-Timer in Form des Timerbausteins 8253. Er wird mit ca. 1 MHz getaktet, genauer mit 1193180 Hz. Windows stellt Zeitmessfunktionen zur Verfügung, die von diesem Hardware-Takt abgeleitet werden. Die Funktion QueryPerformanceFrequency liest den Zeittakt aus und liefert den Wert 1193180.

Da der Hardware-Timer nur eine Auflösung von 16 Bit besitzt, bildet Windows durch entsprechende Überträge einen Timer mit einer Auflösung von 64 Bits. Der Zählerstand seit dem Einschalten des PCs wird mit QueryPerformanceCounter abgefragt.

Visual Basic verfügt nur über einen Zahlentyp Long mit 32 Bits. Damit käme es nach etwa einer Stunde zu einem Zahlenüberlauf. Würde man also nur die unteren 32 Bit behandeln, dann wäre die Wahrscheinlichkeit sehr hoch, einmal auf einen unangenehmen Überlauf zu stoßen. Es muss daher ein neuer Typ „Large-Integer“ für 64-Bit-Zahlen gebildet werden. Mit 64 Bits kommt es erst nach knapp 500000 Jahren zu einem Überlauf.

Hier wird eine Funktion Time gebildet, die eine Zeit seit einem Neustart mit TimeInit liefert. Die aktuelle Zeit und die Startzeit werden in globalen Variablem vom neu gebildeten Typ Large-Integer geführt. Das nach außen übergebene Datenformat ist aber Double, also eine Real-Zahl mit doppelter Genauigheit. Man erhält hier die Zeit in Millisekunden mit Nachkommastellen. Es ist daher nicht nötig, getrennte Funktionen für Millisekunden und Mikrosekunden zu bilden. Zwar kostet der Umgang mit Realzahlen mehr Rechenzeit, die vereinfachte Anwendung rechtfertigt dies aber.

Genauso erwartet die allgemeine Wartefunktion Delay als Übergabewert eine Realzahl für die gewünschte Zeit in Millisekunden. Mit „Delay 0.12" wartet man also 120 µs. Zusätzlich wurde auch noch die Windows-eigene Wartefunktion Sleep deklariert. „Sleep 100" sollte zu einer Wartezeit von 100 ms führen. Versuche haben jedoch gezeigt, dass hier nicht die gleiche Zuverlässigkeit erreicht wird wie mit „Delay 100".

```
Public Const NORMAL_PRIORITY_CLASS = &H20
Public Const IDLE_PRIORITY_CLASS = &H40
Public Const HIGH_PRIORITY_CLASS = &H80
Public Const REALTIME_PRIORITY_CLASS = &H100

Declare Sub Sleep Lib "kernel32" (ByVal dwMilliseconds As Long)
Declare Function QueryPerformanceCounter Lib "kernel32"
   (lpPerformanceCount As LARGE_INTEGER) As Long
Declare Function QueryPerformanceFrequency Lib "kernel32"
   (lpFrequency As LARGE_INTEGER) As Long
Declare Function GetCurrentProcess Lib "kernel32" () As Long
Declare Function SetPriorityClass Lib "kernel32" (ByVal hProcess
   As Long, ByVal dwPriorityClass As Long) As Long

Type LARGE_INTEGER
   lowpart As Long
   highpart As Long
End Type

Dim TimeUnit As Double
Dim StartTimeLow As Long
Dim StartTimeHigh As Long

Function TimeRead() As Double
  Dim t As LARGE_INTEGER
  If TimeUnit = 0 Then TimeUnit = 0.000838096515
  x = QueryPerformanceCounter(t)
  TimeRead = (t.highpart * 4294967296# + t.lowpart - StartTimeHigh
     * 4294967296# - StartTimeLow) * TimeUnit
End Function
```

```
Sub TimeInit()
 Dim f As LARGE_INTEGER
 Dim t As LARGE_INTEGER
 x = QueryPerformanceFrequency(f)
 TimeUnit = 1000 / f.lowpart
 x = QueryPerformanceCounter(t)
 StartTimeLow = t.lowpart
 StartTimeHigh = t.highpart
End Sub

Sub Delay(DelayTime As Double)
 TimeStart = TimeRead
 While TimeRead < (TimeStart + DelayTime)
 Wend
End Sub

Sub RealTime(Level As Boolean)
 If Level Then
   SetPriorityClass GetCurrentProcess(), REALTIME_PRIORITY_CLASS
 Else:
   SetPriorityClass GetCurrentProcess(), NORMAL_PRIORITY_CLASS
 End If
End Sub
```

Listing 11.3: *Windows-Zeitsteuerung in TIME.BAS.*

Das Modul verwendet eine globale Variable TimeUnit, der die Länge eines Zeittakts zugewiesen wird. Dies geschieht beim Ausführen von TimeInit und wirkt sich später in TimeRead aus. Die Delay-Prozedur greift ihrerseits auf TimeRead zu. Für den Fall, dass Delay ohne vorheriges TimeInit verwendet wird, sollte TimeUnit initialisiert werden. Anders als in einer DLL gibt es aber hier keinen allgemeinen Teil, der in jedem Fall aufgerufen wird. Deshalb wird in TimeRead zunächst abgefragt, ob TimeUnit noch den Wert Null enthält. In diesem Fall wird dann der erwartete Wert zugewiesen.

Windows unterstützt Multitasking. Das bedeutet, mehrere Programme teilen sich die allgemeine Rechenzeit. Jedem Programm wird ein Prozess zugeteilt, der kleine Abschnitte auf der Zeitscheibe erhält. Meist merkt man nicht viel davon, weil dies zu Unterbrechungen im Bereich von Millisekunden führt. Im zeitkritischen Anwendungen kann dies jedoch zu unangenehmen Störungen führen. Zu Zeiten des alten DOS gab es eine radikale Methode: Man sperrte einfach den allgemeinen Interrupt und hatte dann alle Rechenzeit für sich. Wer so etwas unter Windows versucht, wird aber sicherlich Schiffbruch erleiden. Hier muss man sich an die Regeln halten und darf nur solche Methoden benutzen, die Windows selbst zur Verfügung stellt.

Einem laufenden Prozess kann Windows unterschiedliche Prioritäten zuweisen. Je nach Level wird das Programm mehr oder weniger von anderen Prozessen unterbrochen. Der höchste Level heißt REALTIME_PRIORITY_CLASS, ein viel versprechender Name. Mit SetPriorityClass weist man einem Prozess seine Prioritätsstufe zu. Windows will natürlich genau wissen, welcher der laufenden Prozesse gemeint ist. Dazu gibt es ein Handle, also eine Art Hausnummer, die jedem Programm beim Start zugeteilt wird, ähnlich wie es auch bei Gerätetreibern der Fall ist. Dieses Handle auf den eigenen Prozess muss man also erst einmal erfahren. Dazu dient die Funktion GetCurrentProcess().

Nun ist die Sache ganz einfach: Mit „SetPriorityClass GetCurrentProcess(), REALTIME_PRIORITY_CLASS“ schaltet man auf die höchste Priorität, mit „SetPriorityClass GetCurrentProcess(), NORMAL_PRIORITY_CLASS“ geht man in den Normalzustand zurück

Neben REALTIME_ und NORMAL_ gibt es auch noch die Stufen IDLE_ und HIGH_. Die HIGH-Stufe hört sich zwar auch viel versprechend an, Versuche haben aber gezeigt, dass im Normalfall kein messbarer Unterschied zum normalen Level besteht.

11.4 Ein Vierkanal-Datenlogger

Der Logik-Analysator aus Kapitel 9.1 soll hier mit den neuen Basic-Modulen RSCOM und TIME noch einmal programmiert werden. Man kommt also ohne eine DLL aus. Zugleich führt die neue Funktion INPUTS zu einer Verbesserung des Programms. Mit dem Zeitbedarf einer Abfrage werden nun gleich vier Kanäle gemeinsam abgefragt. Damit ist es bei gleicher Zeitauflösung möglich, alle vier Eingänge der seriellen Schnittstelle für den Datenlogger zu berücksichtigen.

Die gemeinsamen Daten werden nun in einem Array Dat(13000) aufgenommen und erst bei der Ausgabe auf die einzelnen Kanäle verteilt. Mit der

UND-Funktion wird jeweils ein Kanal maskiert und so für die Ausgabe isoliert. Die Darstellung der Kanäle erfolgt in der Orientierung, wie sie auf der Anschlussplatine zugänglich sind, also in der Reihenfolge RI, CTS, DSR und DCD.

Mit den neuen Zeitfunktionen aus dem Modul TIME.BAS wird die Zeit in Millisekunden gemessen. Ein Messintervall von 20 µs wird nun als 0.02 ms angegeben. Listing 11.4 zeigt die veränderten Abschnitte aus dem Programm.

```
Dim Dat(13000) As Integer
  Dim Sf
  Dim Sp

 Private Sub Command1_Click()
  RealTime (True)
  TimeInit
  For n = 1 To 13000
    Dat(n) = Inputs
    While TimeRead < (n * 0.02)
    Wend
  Next n
  RealTime (False)
  Plot
 End Sub

 Private Sub Plot()
  Picture1.Cls
    For n = 1 To 10
      Picture1.Line (n * 50, 0)-(n * 50, 200), &HFF00&
    Next n
    For n = 1 To 550
    X1 = n
    X2 = n + 1
    Y1 = 40 - 20 * (Dat(Sp + n * Sf) And 4) / 4
    Y2 = 40 - 20 * (Dat(Sp + (n + 1) * Sf) And 4) / 4
    Picture1.Line (X1, Y1)-(X2, Y1)
    Picture1.Line (X2, Y1)-(X2, Y2)

    Y1 = 80 - 20 * (Dat(Sp + n * Sf) And 1)
    Y2 = 80 - 20 * (Dat(Sp + (n + 1) * Sf) And 1)
    Picture1.Line (X1, Y1)-(X2, Y1)
    Picture1.Line (X2, Y1)-(X2, Y2)

    Y1 = 120 - 20 * (Dat(Sp + n * Sf) And 2) / 2
    Y2 = 120 - 20 * (Dat(Sp + (n + 1) * Sf) And 2) / 2
    Picture1.Line (X1, Y1)-(X2, Y1)
    Picture1.Line (X2, Y1)-(X2, Y2)
```

```
    Y1 = 160 - 20 * (Dat(Sp + n * Sf) And 8) / 8
    Y2 = 160 - 20 * (Dat(Sp + (n + 1) * Sf) And 8) / 8
    Picture1.Line (X1, Y1)-(X2, Y1)
    Picture1.Line (X2, Y1)-(X2, Y2)
  Next n
End Sub

Private Sub Form_Load()
 OPENCOM "COM2"
 DTR 1
 RTS 1
 Sf = 20
 Sp = 0
End Sub

Private Sub Form_Unload(Cancel As Integer)
 CLOSECOM
End Sub
```

Listing 11.4: *Die veränderten Prozeduren des Datenloggers (Logger2.vbp).*

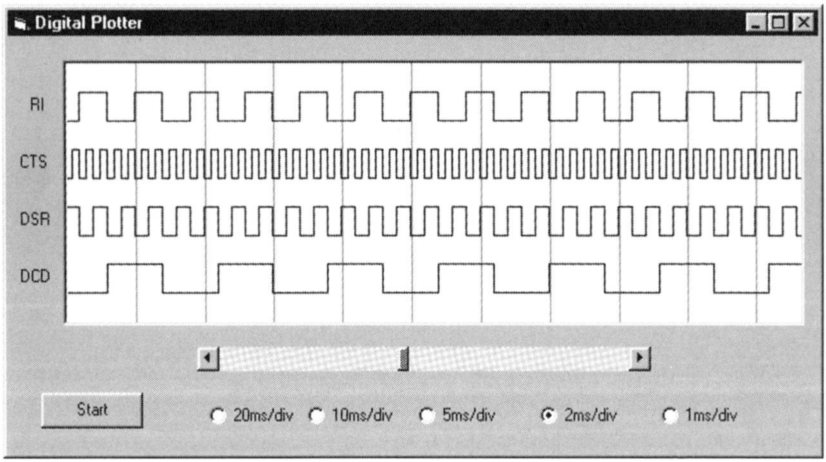

Abbildung 11.1: *Ein Messergebnis mit dem Vierkanal-Datenlogger.*

12. Eine RS232-DLL in Delphi

Mit Delphi kann eine allgemeine DLL für den Einsatz in unterschiedlichen Programmiersprachen programmiert werden. Einige Funktionen der Windows-API sind in Delphi leichter zugänglich als in Visual Basic. Es ist daher nicht allzu schwierig, alle Grundfunktionen der RS232 in einer DLL zu unterstützen.

Hier wird eine neue DLL aufgebaut, die sich in einigen Einzelheiten von der PORT.DLL unterscheidet. Der wichtigste Unterschied ist, dass mehrere Schnittstellen gleichzeitig in einem Programm verwendet werden können.

12.1 Aufbau einer DLL

Der Quelltext einer DLL unterscheidet sich kaum von dem eines normalen Programms. Erzeugt man in Delphi 4 ein neues Projekt und wählt dazu den Typ DLL, dann erscheint bereits der Rahmen mit dem Schlüsselwort „library" am Anfang. Nun können wie gewohnt mit „uses" die verwendeten Units angegeben werden. Dann folgen die globalen Variablen.

```
library RS232;

uses Windows, SysUtils, Classes;
 var  SaveExit: Pointer;
      PortHandle: Array[1..4] of THandle;
      StartTime: Int64;
      TimeUnit: Real;
```

Listing 12.1: Programmkopf der DLL.

Es folgen die einzelnen Prozeduren und Funktionen. Für die Übergabe der Parameter aus anderen Programmiersprachen ist der Zusatz „stdcall" wichtig. Alle Funktionen und Prozeduren, die nach außen exportiert werden sollen, müssen am Ende des Quelltextes mit „exports" in einer Index-Liste angegeben werden.

```
exports
  OPENCOM index 1,
  CLOSECOM index 2,
  SENDBYTE index 3,
  READBYTE index 4,
  DTR index 5,
  RTS index 6,
  TXD index 7,
  CTS index 8,
  DSR index 9,
  RI  index 10,
  DCD index 11,
  INPUTS index 12,
  TIMEINIT index 13,
  TIMEREAD index 14,
  DELAY index 15,
  REALTIME index 16,
  NORMALTIME index 17;
 begin
  Init;
 end.
```

Listing 12.2: Exportiern der DLL-Funktionen.

Die Liste der exportierten Funktionen zeigt bereits den Umfang der neuen RS232.DLL. Gegenüber dem RS232-Modul aus Kapitel 11.1 sind hier auch wieder SENDBYTE und READBYTE hinzugekommen, diesmal aber für mehrere gleichzeitig geöffnete Schnittstellen. Außerdem werden hier die Zeitfunktionen in der selben DLL zur Verfügung gestellt. Wie beim Vorbild aus Visual Basic gibt es keine unterschiedlichen Funktionen für Millisekunden und Mikrosekunden, sondern eine Übergabe von Zeiten in Millisekunden mit Nachkommastellen.

Besondere Aufmerksamkeit erfordert der Start und die Beendigung der DLL. Hier muss sichergestellt werden, dass die Schnittstellen auch dann geschlossen werden, wenn ein Programm, das die DLL aufgerufen hat, unvorschriftsmäßig beendet wird. Das Problem konnte mit einem einfachen Basic-Modul nicht gelöst werden, da eine geöffnete Schnittstelle in einem solchen Fall geöffnet blieb, bis Visual Basic geschlossen wurde.

Die Delphi-Hilfedatei nennt die Variable DLLProc als einen Zeiger auf eine Prozedur, die von einem DLL-Eintrittspunkt aufgerufen wird. Diese Variable ist bereits in der Unit SYSINIT.DCU deklariert, die automatisch in jedes Projekt eingebunden wird. Man braucht diesen Pointer nur mit der Adresse einer Prozedur zu füllen, die beim DLL-Eintritt aufgerufen werden soll, also z.B. beim ersten Aufruf der DLL aus einem VB-Programm. Eine Prozedur, die DLLProc zugewiesen wird, muss einen Parameter des Typs Integer erhalten. Zum Beispiel:

procedure LibraryProc(Reason: Integer);

Beim Aufruf der Prozedur enthält der Parameter Reason einen Wert zwischen 0 und 3, der den genauen Grund für den Aufruf enthält. Er wird jedoch hier nicht verwendet. In der Procedur LibraryProc werden alle eventuell noch geöffneten Schnittstellen geschlossen. Das globale Array PortHandle[1..4] wird bei dem Start der DLL wie alle globalen Delphi-Variablen mit Nullen gefüllt. Jeder erfolgreiche Aufruf von OPENCOM weist dem entsprechenden Mitglied des Arrays ein gültiges Handle zu. Wenn nun der Entry-Point erneut aufgerufen wird, bevor eine Schnittstelle geschlossen werden konnte, findet die Prozedur LibraryProc das Handle vor und schließt sie. Damit die Prozedur tatsächlich ausgeführt wird, muss im Hauptteil der DLL zwischen „begin“ und „end.“ die Adresse der Prozedur, also „@LibraryProc“ der Variablen DLLProc zugewiesen werden.

```
procedure LibraryProc(Reason: Integer);
 var n: Integer;
 begin
  for n := 1 to 4 do begin
    if PortHandle[n]> 0 then Closecom (n);
  end;
 end;

procedure LibExit;
 var n: Integer;
 begin
  for n := 1 to 4 do begin
    if PortHandle[n]> 0 then Closecom (n);
  end;
  ExitProc := SaveExit;
 end;

begin
  SaveExit := ExitProc;
  ExitProc := @LibExit;
  DLLProc := @LibraryProc;
 end.
```

Genauso wichtig ist das ordentliche Verlassen der DLL. So wie DLLProc beim Start der DLL verwendet wird, ist ExitProc ein Zeiger auf eine Prozedur, die beim Entfernen der DLL ausgeführt werden soll. Es ist hier die Prozedur LibExit, in der ebenfalls alle Schnittstellen geschlossen werden. Ein alter Wert des Zeigers ExitProg wird übrigens in SaveExit zwischengespeichert und beim Verlassen wiederhergestellt.

12.2 RS232-Funktionen

Alle Funktionen und Prozeduren zur RS232 arbeiten mit bis zu vier seriellen Schnittstellen gleichzeitig. Der Anwender kann also z.B. COM1 und COM2 öffnen und gezielt über beide Schnittstellen Daten senden und empfangen oder Schnittstellenleitungen beeinflussen. Die DLL enthält ein Array von vier Porthandles für die vier möglichen Schnittstellen.

Anders als bisher wird die OPENCOM-Funktion nicht mit einem Parameterstring geöffnet, sondern mit einer relativ langen Liste von einzelnen Parametern. Beim Öffnen wird neben den üblichen Parametern auch eine Timeout-Zeit und die Größe der Kommunikationspuffer mit angegeben.

```
function OPENCOM (COMnr,Baud,Parity,Bits,Stop,Tout,Buffer:Integer):
        Integer; stdcall;
 var PortStr:String;
    DCB: TDCB;
    TimeOut:TCOMMTIMEOUTS;
 begin
   if PortHandle[COMnr] > 0 then CloseHandle(PortHandle[ComNr]);
   PortStr := 'COM' + Chr(48+ComNr);
   PortHandle[COMnr]:=CreateFile(PChar(PortStr),GENERIC_READ or
        GENERIC_WRITE,0,NIL,OPEN_EXISTING,0,0);
   SetupComm(PortHandle[COMnr],Buffer,Buffer);
   GetCommState(PortHandle[COMnr],DCB);
   DCB.Flags := 1;
   DCB.BaudRate:=Baud;
   DCB.ByteSize:=Bits;
   DCB.StopBits:=Stop and 2;
   DCB.Parity:=Parity;
   if SetCommState(PortHandle[ComNr],DCB)then OPENCOM :=COMnr
        else OPENCOM :=0;
   TimeOut.ReadIntervalTimeout:=1;
   TimeOut.ReadTotalTimeoutMultiplier:=1;
   TimeOut.ReadTotalTimeoutConstant:=Tout;
   TimeOut.WriteTotalTimeoutMultiplier:=2;
   TimeOut.WriteTotalTimeoutConstant:=Tout;
   SetCommTimeouts(PortHandle[COMnr],TimeOut);
   end;
```

```
procedure CLOSECOM(ComNr:Integer); stdcall;
 begin
    CloseHandle(PortHandle[ComNr]);
    PortHandle[COMnr] := 0;
 end;
```

Listing 12.3: Öffnen und Schließen der Schnittstelle.

Beim Aufruf von OPENCOM wird der Prozedur als Erster Parameter die COM-Nummer übergeben. Falls die Schnittstelle bereits geöffnet war, kann sie hier zuerst geschlossen werden. Aus COMnr wird dann ein Open-String der Form „COM1, COM2" usw. gebildet, um die Schnittstelle mit CreateFile zu öffnen.

Dieses grundsätzliche Vorgehen beim Öffnen ist bereits aus dem VB-Modul RS232 bekannt. Nun aber sollen auch die übrigen Parameter der Schnittstelle korrekt eingestellt werden, um SENDBYTE und READBYTE mit definierten Eigenschaften verwenden zu können.

Zunächst wird SetupComm aufgerufen, um die Größe der Kommunikationspuffer für Senden und Empfangen anzugeben. Der RS232-Treiber arbeitet im Interrrupt-Betrieb. Man kann daher im Hintergrund Zeichen empfangen, die erst verspätet aus einem eigens definierten Puffer gelesen werden. Auf diese Weise gehen Zeichen nicht verloren, die erst verspätet mit READBYTE gelesen werden. Umgekehrt kann ein Programm mehrere Zeichen sofort hintereinander mit SENDBYTE abschicken, obwohl die eigentliche Aussendung mehr Zeit in Anspruch nimmt. Für den Sende- und den Empfangspuffer wird hier eine gemeinsame Größe übergeben.

Die entscheidenden Parameter Baudrate, Parity, Zeichenlänge und Anzahl der Stoppbits werden von Windows in einem Parameterblock DCB verwaltet. Diese Struktur wird zunächst mit GetCommState gelesen. Dann werden die einzelnen Parameter neu zugewiesen. Mit SetCommState werden alle neuen Parameter für die Schnittstelle wirksam. Für alle Übertragungsparameter gibt es in der Unit Windows.pas Konstantendefinitionen, die man kennen muss, um die richtigen Werte zu übergeben. Dies betrifft insbesondere die Wahl des Paritätsbits und der Länge des Stoppbits.

NOPARITY = 0;
ODDPARITY = 1;
EVENPARITY = 2;

MARKPARITY = 3;
SPACEPARITY = 4;

ONESTOPBIT = 0;
ONE5STOPBITS = 1;
TWOSTOPBITS = 2;

Speziell für eine Zeichenlänge von 5 Bits gibt es ein 1,5-faches Stoppbit. Diese Einstellung ist kompatibel zu der alten Fernschreiber-Norm. Für längere Zeichen steht nur eine Länge von einem (Übergabe: 0) oder zwei Bits (Übergabe: 2) zur Verfügung. Versuche haben gezeigt, dass die Übergabe des Wertes 1, der ja eigentlich für die Länge 1,5 steht, in diesen Fällen tatsächlich ein Stoppbit der Länge 1 bewirkt. Eine weitere Einschränkung besteht darin, dass man bei 8 Datenbits nur dann ein Paritätsbit verwenden darf, wenn man zugleich die Stoppbitlänge 1 einstellt.

Schließlich werden mit SetCommTimeouts die Timeout-Zeiten für Senden und Empfang eingestellt. Hier wird die Struktur TimeOut mit insgesamt fünf Mitgliedern übergeben. Mit ReadTotalTimeoutConstant stellt man die maximale Gesamtwartezeit ein, nach der ReadFile verlassen wird, falls kein Zeichen eintrifft. Da hier immer nur ein Byte gelesen wird, sind die beiden anderen Einstellungen für die Leserichtung unwichtig. Für die Senderichtung ist hier angegeben, dass bei bereits gefülltem Puffer pro Byte 2 ms gewartet werden darf, insgesamt aber die im Parameter Tout übergebene Zeit, die auch für die Empfangsrichtung gilt.

Damit sind alle wichtigen Parameter für eine serielle Kommunikation eingestellt. Bei Erfolg von OPENCOM erhält das zugehörige Handle einen Eintrag, der erst beim Aufruf von CLOSECOM wieder gelöscht wird. Alle weiteren Funktionen verwenden das Handle, um die richtige Schnittstelle anzusprechen.

Bei der Verwendung in Visual Basic müssen die Parameterübergaben genau mit der Definition in der DLL übereinstimmen.

```
Declare Function OPENCOM Lib "RS232" (ByVal COM%, ByVal Baud
      As Long, ByVal Parity%, ByVal Bits%, ByVal Stp%,
      ByVal Tout%, ByVal Buffer%) As Integer
Declare Sub CLOSECOM Lib "RS232" (ByVal COMnr%)
```

Bei der Deklaration fällt auf, dass fast immer Integer-Typen übergeben werden, bei der Baudrate jedoch der Typ Long. Dies war nötig, weil sonst Baudraten über 32000 nicht übergeben werden könnten. Das folgende Beispiel zeigt einen typischen Aufruf.

```
OPENCOM 2, 115200, 0, 8, 1, 100, 10000
CLOSECOM 2
```

Die Schnittstelle COM2 wurde hier mit der höchsten erlaubten Baudrate 115200 geöffnet. Die Timeoutzeit wurde auf 100 ms eingestellt, die Puffergröße betrug 10000 Bytes. Auch beim Schließen der Schnittstelle muss ihre Nummer mit angeben werden.

Die eigentlichen Zugriffe auf die Schnittstelle erfolgen mit SENDBYTE und READBYTE. Die Windows-Funktionen im Hintergrund sind WriteFile und ReadFile, die auch für Dateizugriffe zuständig sind. Es muss jeweils ein gültiges Handle übergeben werden. Außer den Daten ist auch anzugeben, wie viele Bytes geschrieben oder gelesen werden sollen. Hier werden grundsätzlich einzelne Bytes verarbeitet.

```
procedure SENDBYTE (ComNr,Dat: Integer); stdcall;
 var BytesWritten: DWord;
 begin  WriteFile(PortHandle[COMnr],Dat,1,BytesWritten,NIL);
 END;

function READBYTE(COMnr: Integer): Integer; stdcall;
 var Dat: Byte;
    BytesRead: DWORD;
 begin
  ReadFile(PortHandle[COMnr],Dat,1,BytesRead,NIL);
  if BytesRead = 1 then Result:=Dat else Result := -1;
 end;
```

Listing 12.4: Senden und Empfangen von Einzelbytes.

Die Deklaration und die Verwendung in VB muss berücksichtigen, dass nun jedes Mal die Schnittstelle mit angegeben werden muss. Im folgenden Beispiel wird über COM2 ein Byte gesendet und ein Byte empfangen.

```
Declare Sub SENDBYTE Lib "RS232" (ByVal COMnr%, ByVal Dat%)
Declare Function READBYTE Lib "RS232" (ByVal COMnr%) As Integer
...
SENDBYTE 2,85
D = READBYTE (2)
```

Die Ansteuerung der Handshakeleitungen der RS232 unterscheidet sich kaum von der im VB-Modul RS232. Nur wird auch hier jedes Mal die verwendete Schnittstelle mit angegeben.

```
procedure DTR(COMnr,State:integer); stdcall;
 begin
 if (State=0) then EscapeCommFunction(PortHandle[COMnr],CLRDTR)
 else EscapeCommFunction(PortHandle[COMnr],SETDTR);
 end;

procedure RTS(COMnr,State:integer); stdcall;
 begin
 if (State=0) then EscapeCommFunction(PortHandle[COMnr],CLRRTS)
 else EscapeCommFunction(PortHandle[COMnr],SETRTS);
 end;

procedure TXD(COMnr,State:integer); stdcall;
 begin
 if (State=0)then ClearCommBreak(PortHandle[COMnr])
  else SetCommBreak(PortHandle[COMnr]);
 end;

function CTS(COMnr: Integer):Integer; stdcall;
 Var mask:Dword;
 begin
  GetCommModemStatus(PortHandle[COMnr],mask);
  if (mask and MS_CTS_ON)=0 then result:=0 else result:=1;
 end;

function DSR(COMnr: Integer):Integer; stdcall;
 Var mask:Dword;
 begin
  GetCommModemStatus(PortHandle[COMnr],mask);
  if (mask and MS_DSR_ON)=0 then result:=0 else result:=1;
 end;

function RI(COMnr: Integer):Integer; stdcall;
 Var mask:Dword;
 begin
  GetCommModemStatus(PortHandle[COMnr],mask);
  if (mask and MS_RING_ON)=0 then result:=0 else result:=1;
 end;

function DCD(COMnr: Integer):Integer; stdcall;
 Var mask:Dword;
 begin
  GetCommModemStatus(PortHandle[COMnr],mask);
  if (mask and MS_RLSD_ON)=0 then result:=0 else result:=1;
 end;
```

Listing 12.5: Ansteuerung der Hilfsleitungen in Delphi.

Alle Ausgaben erfolgen über die Windows-Funktion EscapeCommFunction, wobei die einzelnen Ausgaben bereits als Konstaten SETDTR, CRLDTR usw. in Windows.pas deklariert sind. Beim Lesen von Leitungszuständen verwendet man die Funktion GetCommModemStatus, die eine Bitmaske mit Werten füllt. Durch Maskieren mit entsprechenden vordefinierten Konstanten kann der Zustand einer bestimmten Leitung erfragt werden.

Bei der Deklaration und Anwendung ist wieder zu beachten, dass die verwendete Schnittstelle bei jedem Aufruf mit angegeben werden muss.

```
Declare Sub DTR Lib "RS232" (ByVal COMnr%, ByVal b%)
Declare Sub RTS Lib "RS232" (ByVal COMnr%, ByVal b%)
Declare Sub TXD Lib "RS232" (ByVal COMnr%, ByVal b%)
Declare Function CTS Lib "RS232" (ByVal COMnr%) As Integer
Declare Function DSR Lib "RS232" (ByVal COMnr%) As Integer
Declare Function RI Lib "RS232" (ByVal COMnr%) As Integer
Declare Function DCD Lib "RS232" (ByVal COMnr%) As Integer
...
RTS 2, 1
X = CTS(2)
```

12.3 Zeitmessfunktionen

Alle Zeit-Funktionen der DLL entsprechen in ihrem Aufbau weitgehend den Vorbildern in Visual Basic. Ein entscheidender Unterschied liegt in den verfügbaren Datentypen. Mit dem Typ Int64 steht ein ausreichend großer Integer-Typ bereit, um Ergebnisse der Windows-Funktion QueryPerformanceCounter direkt aufzunehmen. Die Variable TimeUnit wird bei der Deklaration mit einem Startwert versehen, damit ein Aufruf von DELAY ohne vorhergehendes TIMEINIT nicht zu Problemen führt.

```
StartTime: Int64;
TimeUnit: Real = 0.000838096515;
```

Nach außen hin wird hier auch wieder ein Real-Typ exportiert. Zeiten nach TIMEINIT und Wartezeiten bei DELAY werden in Millisekunden mit Nachkommastellen angegeben.

```
procedure TIMEINIT(); stdcall;
var f: Int64;
begin
 QueryPerformanceFrequency(f);
 TimeUnit := 1000 / f;
 QueryPerformanceCounter(StartTime)
end;

function TIMEREAD(): Real; stdcall;
var t: Int64;
begin  QueryPerformanceCounter(t);
 TIMEREAD := TimeUnit*(t - StartTime) ;
end;

procedure DELAY(DelayTime: Real); stdcall;
var TimeStart: real;
begin
 TimeStart := TIMEREAD;
 while TIMEREAD < (TimeStart + DelayTime) do;
end;

procedure REALTIME(); stdcall;
begin
SetPriorityClass (GetCurrentProcess(), REALTIME_PRIORITY_CLASS);
end;

procedure NORMALTIME(); stdcall;
begin
 SetPriorityClass (GetCurrentProcess(), NORMAL_PRIORITY_CLASS);
end;
```

Listing 12.6: Funktionen zur Zeitsteuerung.

Neben der Prozedur REALTIME gibt es nun auch die Prozedur NORMALTIME. Man kommt auf diese Weise ohne einen Übergabeparameter aus. Dies ist bei der Verwendung in VB zu beachten.

```
Declare Sub TIMEINIT Lib "RS232" ()
Declare Function TIMEREAD Lib "RS232" () As Double
Declare Sub DELAY Lib "RS232" (ByVal ms As Double)
Declare Sub REALTIME Lib "RS232" ()
Declare Sub NORMALTIME Lib "RS232" ()
...
REALTIME
Text1.Text = Str$(TIMEREAD)
DELAY 0.75
Text2.Text = Str$(TIMEREAD)
NORMALTIME
```

12.4 Ein Terminalprogramm für zwei Schnittstellen

Hier sollen an einem relativ komplexen Beispiel die Möglichkeiten der neuen DLL vorgestellt werden. Entscheidend ist, dass man mehrere Schnittstellen gleichzeitig öffnen und verwenden kann. Deshalb soll ein doppeltes Terminalprogramm für zwei völlig unabhängige Schnittstellen programmiert werden. Es lassen sich zahlreiche Versuche durchführen, die anders nicht möglich sind.

Entsprechend den bisherigen Gewohnheiten wird auch hier ein eigenes Modul RS232.bas zur Deklaration aller DLL-Funktionen und -Prozeduren verwendet. Die relativ umfangreichen Übergabeparameter geraten nicht so schnell aus dem Blick, wenn man als erstes das Deklarationsmodul einfügt. Tippt man nun im Editor ohne Rücksicht auf die Groß/Kleinschreibung das neue Schlüsselwort OpenCom ein, dann erhält man von Visual Basic Hinweise zu den Parametern (vgl. Abb. 12.1). Nach der vollständigen Eingabe der Zeile wird die Großschreibung entsprechend der Deklaration in RS232.bas korrigiert.

```
Private Sub Form_Load()
  opencom
En OPENCOM(ByVal COMnr%, ByVal Baud As Long, ByVal Parity%, ByVal Bits%, ByVal
   Stp%, ByVal Tout%, ByVal Buffer%) As Integer
```

Abbildung 12.1: *Anzeige der Übergabeparameter durch den Editor.*

```
Declare Function OPENCOM Lib "RS232" (ByVal COMnr%, ByVal Baud
   As Long, ByVal Parity%, ByVal Bits%, ByVal Stp%, ByVal Tout%,
   ByVal Buffer%) As Integer
Declare Sub CLOSECOM Lib "RS232" (ByVal COMnr%)
Declare Sub SENDBYTE Lib "RS232" (ByVal COMnr%, ByVal Dat%)
Declare Function READBYTE Lib "RS232" (ByVal COMnr%) As Integer
Declare Sub DTR Lib "RS232" (ByVal COMnr%, ByVal b%)
Declare Sub RTS Lib "RS232" (ByVal COMnr%, ByVal b%)
Declare Sub TXD Lib "RS232" (ByVal COMnr%, ByVal b%)
Declare Function CTS Lib "RS232" (ByVal COMnr%) As Integer
Declare Function DSR Lib "RS232" (ByVal COMnr%) As Integer
Declare Function RI Lib "RS232" (ByVal COMnr%) As Integer
Declare Function DCD Lib "RS232" (ByVal COMnr%) As Integer
Declare Function INPUTS Lib "RS232" (ByVal COMnr%) As Integer
```

```
Declare Sub TIMEINIT Lib "RS232" ()
Declare Function TIMEREAD Lib "RS232" () As Double
Declare Sub DELAY Lib "RS232" (ByVal ms As Double)
Declare Sub REALTIME Lib "RS232" ()
Declare Sub NORMALTIME Lib "RS232" ()
```

Listing 12.7: Die Deklarationen zur RS232.DLL (RS232.bas).

Anders als beim Terminalprogramm nach Kap. 10.2 werden hier die Übertragungsparameter nicht mit einem Open-String, sondern einzeln mit Combo-Boxen eingestellt. Es werden jeweils die Standard-Einstellungen vorgegeben, man kann aber auch eigene Werte eingeben. Die Übertragungsrate ist zwischen 300 Baud und 115200 Baud vordefiniert. Bei Bedarf kann aber durchaus auch eine Baudrate von 50 Baud eingestellt werden.

Auch die Größe des Empfangspuffers kann für jede Schnittstelle einzeln gewählt werden. Damit sind interessante Versuche möglich, unter welchen Bedingungen Zeichen durch einen Pufferüberlauf verloren gehen können. Nicht veränderbar ist hier die Timeout-Einstellung. Da der Empfang aller Zeichen in einer Timer-Prozedur alle 500 ms erfolgt, ist nicht jede Timeout-Einstellung sinnvoll. Daher wurde ein Timeout von 100 ms fest eingestellt. Wenn zwei Schnittstellen geöffnet wurden, wartet das Programm maximal 200 ms auf eintreffende Zeichen.

Jeder Versuch, eine Schnittstelle zu öffnen, wird mit einer Erfolgs- oder Misserfolgsmeldung begleitet. Man erkennt also, ob man eine nicht vorhandene oder bereits geöffnete Schnittstelle verwenden wollte. Im Normalfall kann man mit der RS232-DLL die selbe Schnittstelle zweimal öffnen, weil sie in jedem Fall zuvor geschlossen wird, falls die bereits vorher geöffnet war. Das hätte in diesem Fall bedeutet, dass man z.B. COM1 im linken Terminal öffnen kann und dann im rechten Terminal noch einmal. Man hätte dann zwei Erfolgsmeldungen, von denen die linke aber nicht mehr gültig wäre. Dieser Fall wird vom Programm abgefangen, indem vor jedem Öffnen abgefragt wird, ob die selbe Schnittstelle bereits geöffnet ist.

```
 Dim COMnr
 Dim COMnr2
 Dim n1
 Dim n2

Private Sub Command1_Click()
  COMnr = Int(Val(Combo1.Text))
  COMnr = COMnr And 7
  Baud = Int(Val(Combo2.Text))
  Parity = Int(Val(Combo3.Text))
  Bits = Int(Val(Combo4.Text))
  Stp = Int(Val(Combo5.Text))
  Buffer = Int(Val(Combo6.Text))
  If COMnr <> COMnr2 Then
    a = OPENCOM(COMnr, Baud, Parity, Bits, Stp, 100, Buffer)
  Else
    a = 0
  End If
  If a = 0 Then Label1.Caption = "COM error" Else Label1.Caption =
 "COM open"
  If a = 0 Then COMnr = 0
 End Sub

Private Sub Command2_Click()
 Text1.Text = ""
 Text2.Text = ""
 Text3.Text = ""
 Text4.Text = ""
 n1 = 0
 End Sub

Private Sub Check1_Click()
  If Check1.Value Then DTR COMnr, 1 Else DTR COMnr, 0
 End Sub

Private Sub Check2_Click()
  If Check2.Value Then RTS COMnr, 1 Else RTS COMnr, 0
 End Sub

Private Sub Command3_Click()
  COMnr2 = Int(Val(Combo7.Text))
  COMnr2 = COMnr2 And 7
  Baud = Int(Val(Combo8.Text))
  Parity = Int(Val(Combo9.Text))
  Bits = Int(Val(Combo10.Text))
  Stp = Int(Val(Combo11.Text))
  Buffer = Int(Val(Combo12.Text))
  If COMnr <> COMnr2 Then
    a = OPENCOM(COMnr2, Baud, Parity, Bits, Stp, 100, Buffer)
  Else
    a = 0
  End If
```

```
  If a = 0 Then Label6.Caption = "COM error" Else Label6.Caption =
 "COM open"
  If a = 0 Then COMnr2 = 0
 End Sub

Private Sub Command4_Click()
 Text5.Text = ""
 Text6.Text = ""
 Text7.Text = ""
 Text8.Text = ""
 n2 = 0
 End Sub

Private Sub Check7_Click()
  If Check7.Value Then DTR COMnr2, 1 Else DTR COMnr2, 0
 End Sub

Private Sub Check8_Click()
  If Check8.Value Then RTS COMnr2, 1 Else RTS COMnr2, 0
 End Sub
 Private Sub Text1_Change()
  If Text1.Text > "" Then Char = Asc(Right$(Text1.Text, 1))
  If Char = 10 Then
    Byt$ = (Right$(Text1.Text, 5))
    Dat = Val(Byt$)
    Dat = Dat And 255
    SENDBYTE COMnr, Dat
  End If
 End Sub

Private Sub Text2_KeyPress(KeyAscii As Integer)
  SENDBYTE COMnr, KeyAscii
 End Sub

Private Sub Form_Unload(Cancel As Integer)
  CLOSECOM COMnr
  CLOSECOM COMnr2
 End Sub

Private Sub Timer1_Timer()
  If COMnr > 0 Then
    Do
      Dat = READBYTE(COMnr)
      If Dat > -1 Then
        Text3.Text = Text3.Text + Str$(Dat) + " "
         n1 = n1 + 1
         If n1 = 8 Then n1 = 0: Text3.Text = Text3.Text
              + Chr(13) + Chr(10)
         Text3.Refresh
      End If
      If (Dat > -1) And (Dat <> 13) And (Dat <> 19) Then
        Text4.Text = Text4.Text + Chr$(Dat)
      End If
```

```
      If Dat = 13 Then
        Text4.Text = Text4.Text + Chr$(13) + Chr$(10)
        Text4.Refresh
      End If
    Loop Until Dat = -1
    If CTS(COMnr) = 1 Then Check3.Value = 1 Else Check3.Value = 0
    If DSR(COMnr) = 1 Then Check4.Value = 1 Else Check4.Value = 0
    If DCD(COMnr) = 1 Then Check5.Value = 1 Else Check5.Value = 0
    If RI(COMnr) = 1 Then Check6.Value = 1 Else Check6.Value = 0
  End If

  If COMnr2 > 0 Then
    Do
      Dat = READBYTE(COMnr2)
      If Dat > -1 Then
        Text7.Text = Text7.Text + Str$(Dat) + " "
         n2 = n2 + 1
         If n2 = 8 Then n2 = 0: Text7.Text = Text7.Text + Chr(13)
             + Chr(10)
         Text7.Refresh
      End If
      If (Dat > -1) And (Dat <> 13) And (Dat <> 19) Then
        Text8.Text = Text8.Text + Chr$(Dat)
      End If
      If Dat = 13 Then
        Text8.Text = Text8.Text + Chr$(13) + Chr$(10)
        Text8.Refresh
      End If
    Loop Until Dat = -1
    If CTS(COMnr2) =1 Then Check9.Value = 1 Else Check9.Value = 0
    If DSR(COMnr2) =1 Then Check10.Value = 1 Else Check10.Value = 0
    If DCD(COMnr2) =1 Then Check11.Value = 1 Else Check11.Value = 0
    If RI(COMnr2) =1 Then Check12.Value = 1 Else Check12.Value = 0
  End If
 End Sub
 Private Sub Text5_Change()
  If Text5.Text > "" Then Char = Asc(Right$(Text5.Text, 1))
  If Char = 10 Then
    Byt$ = (Right$(Text5.Text, 5))
    Dat = Val(Byt$)
    Dat = Dat And 255
    SENDBYTE COMnr2, Dat
  End If
 End Sub

Private Sub Text6_KeyPress(KeyAscii As Integer)
  SENDBYTE COMnr2, KeyAscii
 End Sub
```

Listing 12.8: Das zweifache Terminalprogramm Terminal2.vbp.

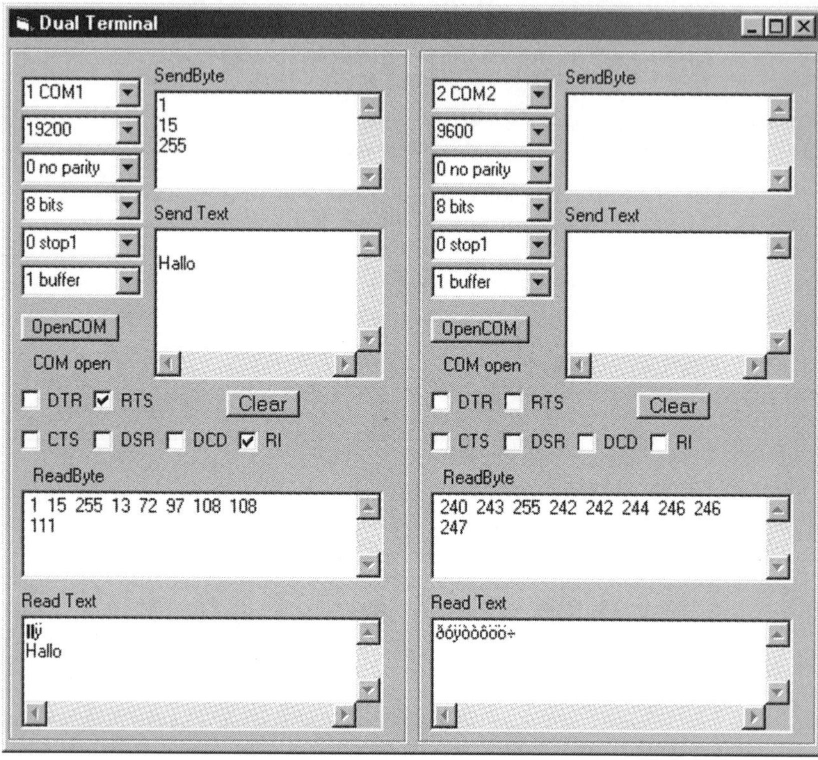

Abbildung 12.2: Das Programm Terminal2 im Einsatz.

Abb. 12.2 zeigt einen Versuch mit zwei Schnittstellen. Hier wurden unterschiedliche Baudraten verwendet. COM1 sendete mit 19200 Baud. Die Daten wurden an COM1 mit gleicher Baudrate korrekt empfangen. An COM2 jedoch war eine Übertragungsrate von 9600 Baud eingestellt. Das gleiche Signal wurde hier natürlich falsch empfangen. Das ist zwar im Normalfall sinnlos, erlaubt aber interessante Studien zur seriellen Übertragung.

Das Doppelterminal erlaubt auch die Einstellung „krummer" Baudraten. Man kann z.B. untersuchen, in welchen Bereich Abweichungen in der tatsächlichen Baudrate noch tolerierbar sind. Das funktioniert mit ausreichender Genauigkeit nur bei geringen Übertragungsraten unter 1000 Baud. Man muss bedenken, dass die reale Baudrate durch Teilen der Frequenz 115200 Hz erreicht wird. Je kleiner die eingestellte Baudrate, desto kleiner sind auch die darstellbaren Unterschiede.

13. Impulsverarbeitung über TxD

Die RS232.DLL erlaubt die Erzeugung schneller Datenströme an der Sendeleitung TxD. Damit erhält man einen vielseitig steuerbaren Rechteckgenerator. Es ergeben sich verschiedene Möglichkeiten für eine schnelle Signalerzeugung. Ein gewünschtes Signal wird einfach in einen seriellen Datenstrom umgerechnet. Da der UART der seriellen Schnittstelle eine unabhängige Hardware-Einheit ist, lassen sich Aufgaben lösen, die ansonsten die Rechenkapazität des Prozessors überfordern würden.

13.1 IR-Übertragung ohne externen Modulator

Die RS232.DLL ermöglicht den gleichzeitigen Einsatz mehrerer Schnittstellen in einem Programm. Eine andere besondere Eigenschaft ist, dass SENDBYTE eine Übertragung mehrerer Zeichen ohne Zwischenpause erlaubt, wobei das Startbit des jeweils folgenden Zeichen sich nahezu nahtlos an das Stoppbit des vorangegangenen Zeichens anschließt. Diese Eigenschaft ist wichtig, wenn ein kontinuierlicher Impulsstrom benötigt wird.

In Kapitel 10.4 wurde bereits ein RS232-Signal direkt generiert, was bei geringen Baudraten problemlos möglich ist. Allgemein konnte mit einem Modulator und einer IR-Sendediode auch eine Lichtstrecke aufgebaut werden. Nun soll versucht werden, auch noch den Modulator einzusparen und auch die Modulationsimpulse vom PC zu erzeugen. Bei einer Frequenz von z.B. 36 kHz ist es nicht mehr möglich, die Impulse in Echtzeit durch direktes Ein- und Ausschalten einer Ausgangsleitung zu erzeugen. Aber man kann erneut den UART des PC als eigenständige Hardware-Einheit verwenden. Er soll aber diesmal nicht den seriellen Bitstrom erzeugen, sondern nur ein Rechtecksignal.

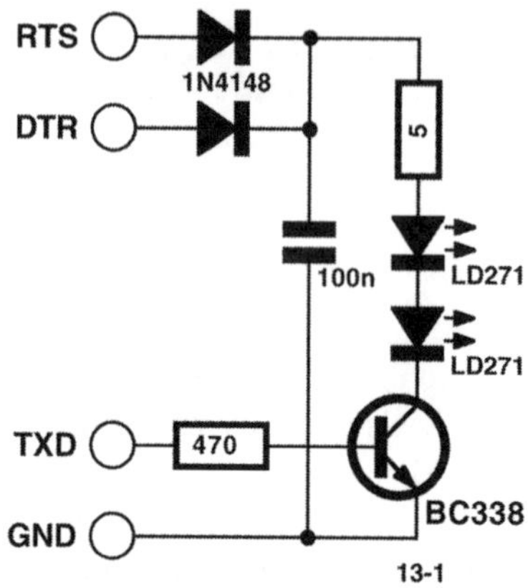

Abbildung 13.1: Direktsteuerung von IR-Dioden über TXD.

Die Schaltung nach Abb. 13.1 ist für einen Impulsbetrieb mit kurzen Einschaltdauern und Strömen bis zu 1 A ausgelegt. Der Kondensator wird in den Low-Phasen von TxD über die Leitungen DTR und RTS geladen. Beim Einschalten von TxD wird der Kondensator über die IR-Sendedioden innerhalb weniger Mikrosekunden weitgehend entladen. Der durchschnittliche Diodenstrom beträgt bis zu etwa 40 mA. Die Schaltung ermöglicht mit einem üblichen IR-Empfänger-IC eine Reichweite bis etwa 10 m.

Beim Betrachten der üblichen Baudraten der seriellen Schnittstelle fällt auf, dass 38400 Baud im Bereich des üblichen Spektrums von IR-Fernbedienungen zwischen 30 kHz und 40 kHz liegt. Auch ein Empfänger-IC für 36 kHz kann diese Frequenz noch gut verarbeiten.

Wenn man allerdings eine Übertragungsrate von 38400 Baud einstellt und z.B. in einem kontinuierlichen Datenstrom das Byte 85 sendet, dann wird zwar jedes zweite Bit eingeschaltet, es entsteht damit jedoch nur eine Ausgangsfrequenz von 19200 kHz. Man müsste also die Baudrate verdoppeln. Diesen Wert gibt es aber leider nicht. Es bleibt der Ausweg der dreifachen Übertragungsrate von 115200 Baud. Nun muss aber jedes dritte Bit eingeschaltet werden. Für einen ununterbrochenen Datenstrom benötigt man einen Rahmen von 9 Bit. Dieser ergibt sich, wenn man mit einem Startbit, sieben Datenbits und einem Stoppbit arbeitet. Dazu muss man nur noch das passende Datenbyte finden, damit ein Eins-Bit von zwei Nullbits gefolgt wird. Bei der Überlegung muss man bedenken, dass die Datenbits im

RS232-Bitstrom invertiert sind, und dass das niedrigstwertige Bit führt. Außerdem muss natürlich das Startbit als erster der drei Impulse bedacht werden. Das Byte 109 führt zum gewünschten Ergebnis. Das dritte und das sechste Bit sind hier gelöscht, also im realen Datenstrom gesetzt.

Mit insgesamt 9 gesendeten Datenbytes 109 erhält man 27 Einzelimpulse bei 38,4 kHz. In der Praxis ergeben sich kleine Lücken zwischen den einzelnen Bytes, sodass die durchschnittliche Frequenz etwas geringer ist. Das gesamte Impulspaket hat eine Länge von ca. 0,8 ms und entspricht damit etwa dem, was man für eine Bitlänge bei 1200 Baud benötigt. Aus diesen Impulsketten kann man daher ein moduliertes RS232-Signal aufbauen.

Bei einem RS232-Signal muss eine relativ gute Genauigkeit der Signalflanken relativ zum Startbit eingehalten werden. Die einzelnen Flanken dürfen durchaus um bis zu 30% einer Bitlänge verschoben erscheinen, es darf aber keine sich addierenden Zeitfehler geben. Bei der Erzeugung eines Signals muss daher ein genauer Timer gestartet werden, der ein Zeitraster definiert, in das die einzelnen Bits eingepasst werden.

Das Programm nach Listing 13.1 realisiert das Verfahren mit einem Ausgangssignal an COM2. Zur experimentellen Überprüfung mit dem gleichen PC wird hier mit 2 Schnittstellen gearbeitet. COM2 ist auf 115200 Baud eingestellt und erzeugt das modulierte Signal an TxD. COM1 dagegen dient als Empfänger für das demodulierte Signal mit 1200 Baud. Als Empfänger dient ein SFH506 mit einem nachgeschalteten Inverter (Kap. 10.5) Das Programm erzeugt aufsteigende Zahlenfolgen von 0 bis 255. Man kann die Übertragungsstrecke testen und den korrekten Empfang beobachten.

```
Dim x
Private Sub Form_Load()
OPENCOM 2, 115200, 0, 7, 1, 100, 100
 TXD 2, 0
 RTS 2, 1
 DTR 2, 1
 OPENCOM 1, 1200, 0, 8, 1, 100, 100
 RTS 1, 1
 DTR 1, 1
 x = 0
End Sub

Private Sub Form_Unload(Cancel As Integer)
  CLOSECOM 2
```

```
  CLOSECOM 1
 End Sub
 Private Sub SendBitIr()
  For n = 1 To 9
    SENDBYTE 2, 91
  Next n
 End Sub

Private Sub SendIR(Dat)
  REALTIME
  TIMEINIT
  SendBitIr
  For n = 1 To 8
    If (Dat And 1) = 0 Then SendBitIr
    Dat = Int(Dat / 2)
    While TIMEREAD < (0.833 * (n + 1))
    Wend
  Next n
  NORMALTIME
 End Sub
 Private Sub Timer1_Timer()
  d = x
  SendIR d
  x = x + 1
  If x = 256 Then x = 0
  DELAY 20
  SENDBYTE 1, 85
  Text1.Text = READBYTE(1)
 End Sub
```

Listing 13.1: *Erzeugung eines mit 36 kHz modulierten Sendesignals (RS115200.vbp).*

Das Programm erzeugt gleichzeitig an COM1, also der eigentlichen Empfangsschnittstelle, ein Sendesignal mit 1200 Baud. Es dient hier nur dazu, mit einem Oszilloskop einen Zeitvergleich des modulierten Sendesignals mit einem normalen Signal zu ermöglichen. Ansonsten hat man mit zwei Schnittstellen die Möglichkeit von Reichweitenversuchen. Sender und Empfänger befinden sich an getrennten Schnittstellenkabeln, die weit auseinander gehalten werden können.

Abbildung 13.2: *Empfang der modulierten Signale.*

13.2 RC5-Sender über TxD-Impulse

Mit der im Kapitel 13.1 vorgestellten Methode lässt sich auch ein RC5-Signal ohne externen Modulator erzeugen. Mit dem Senden von Bytes 91 bei 115200 Baud wird ein Signal von 38,4 kHz generiert. Eine Bitphase soll 0,888 ms dauern. Mit 11 hintereinander gesendeten Bytes erhält man rein rechnerisch 0,859 ms. In der Praxis hat sich jedoch die Aussendung von nur 10 Bytes bewährt, weil es zu kleinen Zeitverzögerungen kommt, die ausgesendete Frequenz im Mittel also etwas geringer ist.

Listing 13.2 zeigt einen RC5-Sender mit der Möglichkeit der freien Einstellung der Geräteadresse und des übertragenen RC5-Datenbytes. Hier kann wieder die einfache Sendeschaltung aus Kapitel 13.1 eingesetzt werden. Das Programm eignet sich für allgemeine Experimente mit Fernsehern und Videorekordern. Einzelne Codes können ausprobiert werden. Bei Bedarf lässt sich leicht ein spezielles Steuerprogramm für gezielte Steuerungen entwickeln.

```
Dim Control
Private Sub Command1_Click()
 Adr = Val(Text1.Text)
 Dat = Val(Text2.Text)
 For n = 1 To 30
   RC5tx Control, Adr, Dat
   DELAY 100
 Next n
 If Control = 1 Then
   Control = 0
 Else
   Control = 1
 End If
End Sub

Private Sub Form_Load()
 OPENCOM 2, 115200, 0, 7, 1, 100, 100
 DTR 2, 1
 RTS 2, 1
 Control = 1
End Sub
Private Sub Form_Unload(Cancel As Integer)
 CLOSECOM 2
End Sub
Private Sub SendBitIr()
 For n = 1 To 10
   SENDBYTE 2, 91
```

```
  Next n
 End Sub

Private Sub TxBit(OnOff!)
  If OnOff = 1 Then
    DELAY 0.888
    SendBitIr
  Else:
    SendBitIr
    DELAY 0.888
  End If
 End Sub

Private Sub RC5tx(Ctr, Adr, Dat)
  BitTime = 0.888
  REALTIME
  TIMEINIT
  SendBitIr
  While TIMEREAD < (BitTime * 2)
  Wend
  SendBitIr
  TxBit (Ctr)
  BitVal = 32
  For n = 1 To 5
    b = Int((Adr And BitVal) / BitVal)
    TxBit (b)
    BitVal = BitVal / 2
  Next n
  BitVal = 32
  For n = 1 To 6
    b = Int((Dat And BitVal) / BitVal)
    TxBit (b)
    BitVal = BitVal / 2
  Next n
  NORMALTIME
 End Sub
```

Listing 13.2: *RC5-Signale aus dem UART (RC5tx2.vbp).*

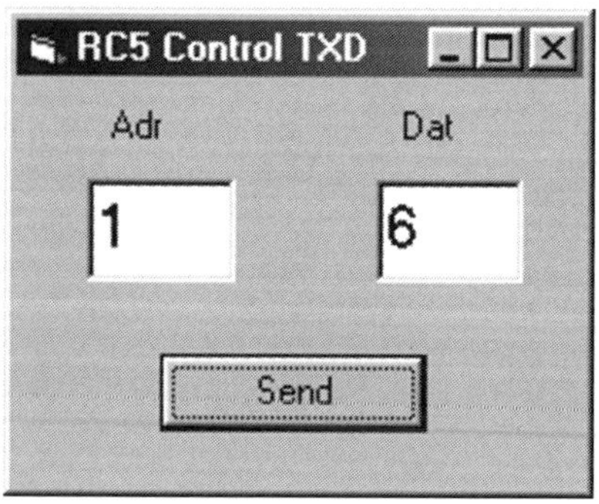

Abbildung 13.3: *Die fertige RC5-Steuerung.*

13.3 Ein PCM-Sinusgenerator

Wenn man kleine Spielzeuge mit Soundausgabe betrachtet, ist man oft erstaunt, wie hier mit geringstem Aufwand ein Klang erzeugt wird. Das Geheimnis liegt in der Pulscode-Modulation (PCM). Man braucht nur einen digitalen Ausgang und ein Tiefpassfilter, im einfachsten Fall einen einzelnen Kondensator. Der Ausgang wird in einem schnellen Takt ein- und ausgeschaltet. Durch das Verhältnis der An-Pasen zu den Aus-Phasen kann jede Spannung zwischen den Eckpegeln des Ausgangs angenähert werden. Letztlich braucht man nur bestimmte digitale Muster zu speichern, die dann nacheinander ausgegeben werden.

Das Verfahren lässt sich auch mit der seriellen Schnittstelle verwenden. Man hat dann einen einfachen Sound-Ausgang. Die Impulsrate muss wesentlich über der höchsten Grenzfrequenz des Tonsignals liegen. Die PCM-Impulse können daher nur direkt von der seriellen Schnittstelle stammen. Mit der höchsten Übertragungsrate von 115200 Baud erhält man eine maximale Impulsrate von 57600 Hz, was deutlich über dem Hörbereich liegt. Die TxD-Leitung kann direkt einen kleinen Lautsprecher treiben. Ein Elko mit 47 µF dient als Tiefpassfilter. Abb. 13.4 zeigt den einfachen Anschluss. Es lohnt sich aber auch, mit verbesserten Filtern zu experimentieren.

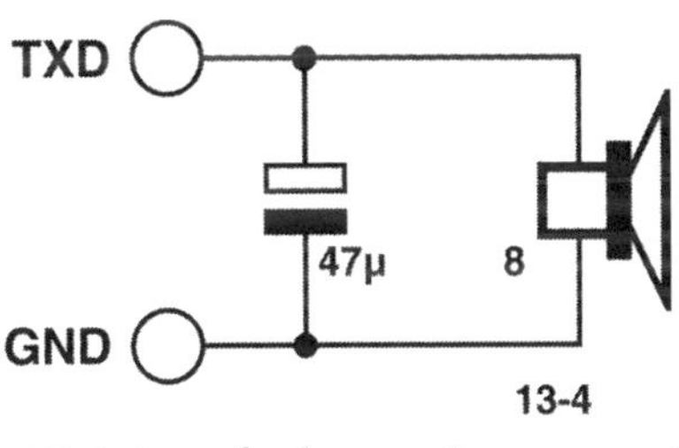

Abbildung 13.4: Soundausgabe über die TXD-Leitung.

Die PCM-Ausgabedaten müssen von einem Programm in einen Datenstrom für die serielle Schnittstelle umgerechnet werden. Die Aufgabe besteht also darin, ein Array mit berechneten Ausgabewerten zu füllen. Wenn das ganze Array mit dem Byte 85 gefüllt wird, ist bei 8 Datenbits, einem Startbit und einem Stopbit jedes zweite Bit gesetzt und jedes zweite gelöscht. Nach der Mittelung durch den Filterkondensator ergibt sich hier also ein konstanter Mittelwert. Abweichungen nach oben und nach unten müssen durch andere Ausgabebytes erzeugt werden.

Das Programm PCM1 dient der Erzeugung von Sinus-Signalen mit einstellbarer Frequenz. Es erzeugt zunächst ein Array von Sinuswerten, die um den Mittelwert 128 herum liegen. Diese Werte werden dann in PCM-Daten umgerechnet. Das Programm berechnet dazu die Spannung, die sich am Kondensator einstellt und vergleicht sie mit dem jeweiligen Sollwert. Je nach Abweichung wird ein Bit gesetzt oder gelöscht. Bei der Berechnung der theoretischen Ausgangsspannung „Out" wird vereinfacht davon ausgegangen, dass jedes gesetzte Bit im Ausgangs-Datenstrom die Ausgangsspannung um einen konstanten Wert 5 erhöht, jedes nicht gesetzte Bit dagegen eine gleich große Absenkung erzeugt. Auf diese Weise wird jeweils ein Byte berechnet und in das Array geschrieben. Als feste Größen werden das Startbit und das Stoppbit berücksichtigt.

```
Private Sub Command1_Click()
  Dim Dat(10000)
  pi = 3.1415
  freq = Val(Text1.Text)
  Nr = Int(11520 / freq)
  For n = 1 To 10 * Nr
     Dat(n) = 128 + Int(100 * Sin(2 * pi * n / Nr))
  Next n
  Out = 128
  For n = 1 To 10 * Nr
    Out = Out + 5
    Data = Dat(n)
    Bit = 1
    Send = 0
    For i = 1 To 8
      If Data < Out Then
        Send = Send + Bit
        Out = Out - 5
      Else
        Out = Out + 5
      End If
      Bit = Bit * 2
    Next i
    Out = Out - 5
    Dat(n) = Send
  Next n
  REALTIME
  For n = 1 To 100
    For i = 1 To 10 * Nr
      SENDBYTE 2, Dat(i)
    Next i
  Next n
  NORMALTIME
 End Sub
```

```
Private Sub Form_Load()
  OPENCOM 2, 115200, 0, 8, 1, 100, 100
  DTR 2, 1
  RTS 2, 1
 End Sub
 Private Sub Form_Unload(Cancel As Integer)
  CLOSECOM 2
 End Sub
```

Listing 13.3: *PCM-Sinusausgabe (PCM1.vbp).*

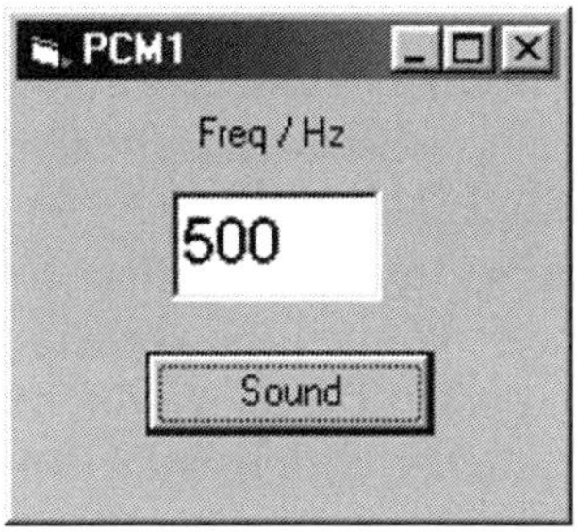

Abbildung 13.5: *Ausgabe eines Sinus-Signals.*

Die Qualität der Ausgabe hängt von der Ausgabefrequenz und auch vom verwendeten Lautsprecher ab. Das Verfahren ist naturgemäß für kleine Frequenzen besser geeignet, weil hier die einzelnen Schwingungszüge aus mehr Einzelimpulsen gebildet werden. Eine deutliche Wiedergabe erhält man also nur mit einem ausreichend großen Lautsprecher mit ausreichend guter Tiefenwiedergabe. Ein zu kleiner Lautsprecher wird dagegen mehr die unvermeidlichen Verzerrungen im oberen Frequenzbereich übertragen.

Ein anderer Einfluss geht von der erreichten zeitlichen Konstanz der Ausgabe aus. Prinzipiell hat man zwar mit REALTIME eine gute Chance einer ungestörten Ausgabe. Die Praxis zeigt jedoch, dass erhebliche Verzögerungen auftreten können, wenn der Rechner durch andere Programme stark belastet ist. Am schlimmsten wirkt es sich aus, wenn der RAM-Speicher des PCs bereits voll belegt ist und Auslagerungsdateien auf der Festplatte benutzt werden müssen. Es entstehen dann Verzögerungen mit erheblichen Verzerrungen und einer niedrigeren Ausgabefrequenz.

13.4 PCM-Soundausgabe über die TxD-Leitung

Das PCM-Verfahren lässt sich prinzipiell auch auf übliche Wave-Dateien anwenden. Über die serielle Schnittstelle ergibt sich eine Ausgaberate von einem Zehntel der Baudrate, also von 11520 Samples pro Sekunde. Dieser Wert liegt nicht weit entfernt von der bei Soundkarten üblichen Abtastrate von 11050 Samples. Man kann solche Sounddaten verarbeiten, die mit einer Auflösung von 8 Bit in Mono aufgenommen wurden. Für die ersten Versuche wurde die Windows-Sounddatei „Tada.wav“ in das passende Format konvertiert und in der Aussteuerung angepasst. Wichtig ist eine annähernde Vollaussteuerung, um einen ausreichenden Rauschabstand zu erhalten. Die neue Datei liegt unter dem Namen Tada8.wav auf der CD vor.

Das Programm PCM2.vbp liest eine Sound-Datei ein und konvertiert die Daten in das PCM-Format. Die umgerechneten Daten können dann beliebig oft ausgegeben werden. Wave-Dateien enthalten einen Dateikopf von 48 Bytes mit allgemeinen Angaben zum Dateiformat. Danach folgen die einzelnen Samples als Bytes, wobei der Ruhewert bei 128 liegt. Das Programm überliest den Dateikopf und wertet ihn nicht aus. Die dann folgenden Sound-Daten werden bis zu einer Höchstgrenze von 30000 in das Datenarray eingelesen und wie im vorigen Programm umgerechnet und an den Lautsprecher ausgegeben.

```
Dim Dat(30000)
Dim Nr
Private Sub Command1_Click()
Open Text1.Text For Binary As #1
   For n = 1 To 48
     a$ = Input(1, #1)
   Next n
   Nr = 1
   While (Not EOF(1)) And (Nr  30000)
     a$ = Input(1, #1)
     If a$ = "" Then a$ = "A"
     Dat(Nr) = Asc(a$)
     Nr = Nr + 1
   Wend
 Close 1
 Out = 128
 For n = 1 To Nr
   Out = Out + 2
   Data = Dat(n)
   Bit = 1
   Send = 0
```

```
    For i = 1 To 8
      If Data < Out Then
        Send = Send + Bit
        Out = Out - 2
      Else
        Out = Out + 2
      End If
      Bit = Bit * 2
    Next i
    Out = Out - 2
    Dat(n) = Send And 255
  Next n
 End Sub

Private Sub Command2_Click()
  REALTIME  For i = 1 To Nr
    SENDBYTE 2, Dat(i)
  Next i
  NORMALTIME
 End Sub

Private Sub Form_Load()
  OPENCOM 2, 115200, 0, 8, 1, 100, 100
  DTR 2, 1
  RTS 2, 1
 End Sub
 Private Sub Form_Unload(Cancel As Integer)
  CLOSECOM 2
 End Sub
```

Listing 13.4: Ausgabe von Sound-Dateinen (PCM2.vbp).

Abbildung 13.6: Das Programm PWM2.

14. Das Universalinterface

Das "Universalinterface für Windows" wurde bereits in der Zeitschrift Elektor 12/99 mit seiner Anwendersoftware Compact Universal und einem Programmbeispiel in Delphi vorgestellt. Die Grundschaltung war einigen Lesern schon vorher bekannt, da sie bereits vor einigen Jahren in dem Buch "PC-Schnittstellen angewandt" vorgestellt wurde. Die Programmierung erfolgte in Turbo Pascal. In einer Neuüberarbeitung entstand das Buch "PC-Schnittstellen unter Windows", das die selbe Schaltung unter Windows mit Delphi benutzte. Hier soll das Thema noch einmal aufgegriffen werden, um zu zeigen, wie man das Interface auch in Visual Basic ansprechen kann.

Da das Interface allein über direkte Pegel an den Schnittstellenleitungen gesteuert wird und keine echten RS232-Signale benötigt, kommt man hier ohne eine DLL aus. Es reicht der Einsatz der API-Module RSCOM.Bas und Time.Bas, um alle Hardwarefunktionen zu verwenden.

14.1 Die Hardware

Ein Interface zwischen dem PC und der Außenwelt muss nicht aufwendig sein. Das Universalinterface kommt mit drei einfachen ICs aus und arbeitet direkt an der seriellen Schnittstelle. Neben acht digitalen Ausgängen und acht digitalen Eingängen hat man auch noch einen Analogeingang und einen Messeingang für die Frequenz.

Da die COM-Schnittstelle des PCs nur drei Ausgänge und fünf Eingänge besitzt, werden Schieberegister eingesetzt, um Daten seriell zu übertragen. Dazu benötigt man jeweils eine Datenleitung und eine Taktleitung. Die Übertragung ist an keine bestimmte Geschwindigkeit gebunden, sodass sehr schnelle wie sehr langsame PCs eingesetzt werden können.

Abb. 14.2 zeigt das Schaltbild des Geräts. Ein CMOS-Schieberegister 4094 liefert acht Ausgangsleitungen. Über die RS232-Leitungen TxD (Daten) und

DTR (Takt) kann der PC acht Datenbits herausschieben und dann mit einem Impuls an RTS (Strobe) an die Ausgänge schalten. Die Ausgänge liefern bis zu ca. 5 mA und können direkt LEDs mit Vorwiderständen treiben.

Das Schieberegister 4021 besitzt acht vom PC lesbare Eingangsleitungen. Ein Strobe-Impuls über RTS übernimmt die Eingangszustände, die dann mit acht Taktimpulsen an DTR über die Leitung DCD gelesen werden. Die Eingänge sind über Widerstände von 10 kΩ gegen Überspannungsimpulse geschützt. Sie sind hochohmig und zeigen im offenen Zustand einen zufälligen Pegel.

Der einfache und preiswerte AD-Wandler TLC549 wird ebenfalls wie ein Schieberegister angesprochen und liefert seine Daten an die Leitung DSR. Man erhält einen Analogeingang mit einem Messbereich von 0 bis +5V bei einer Auflösung von 8 Bit. Auch der Analogeingang ist mit einem Widerstand von 10 kΩ gegen Überspannungen geschützt.

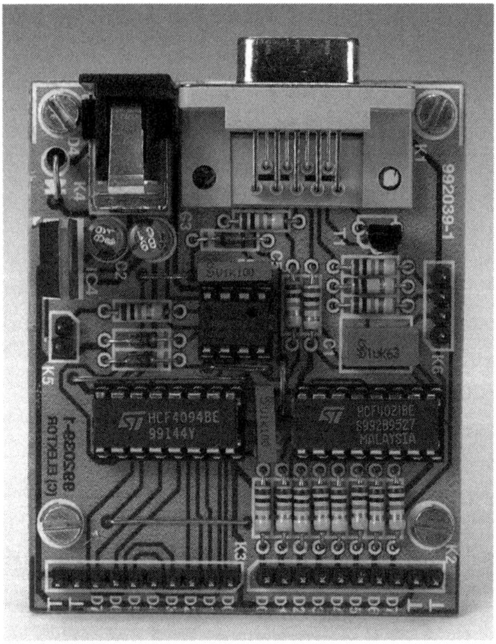

Der Frequenzeingang arbeitet über einen kleinen Pufferverstärker an der Eingangsleitung CTS. Der PC kann direkt Impulse lesen und zählen. Es gibt einen DC-gekoppelten Eingang für statische Signale, Imulslängenmessungen und Messungen kleiner Frequenzen sowie eine AC-gekoppelten Eingang für NF-Signale bis ca. 20 kHz. Die höchste messbare Frequenz hängt stark vom verwendeten PC ab. Mit einem Pentium 200 erreicht man unter Windows-95 sicher etwa 5 kHz.

Abbildung 14.1: Das fertig aufgebaute Gerät.

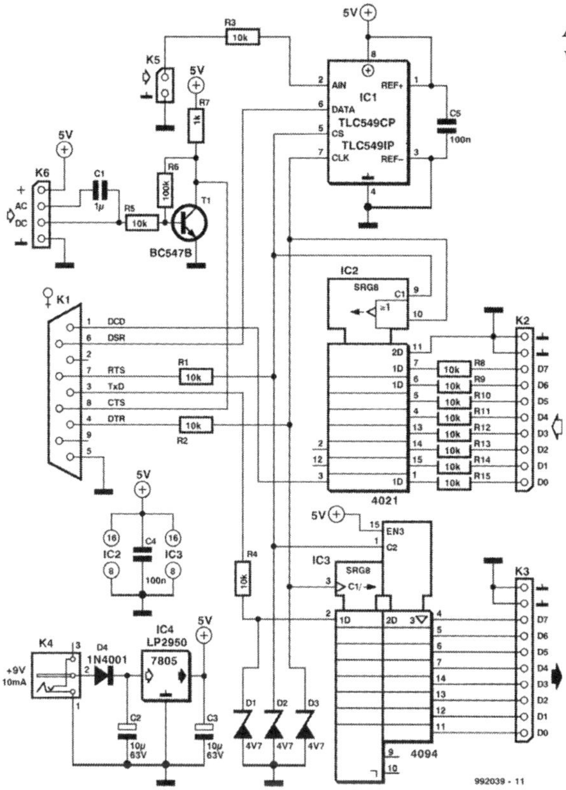

Abbildung 14.2: Das Windows-Interface.

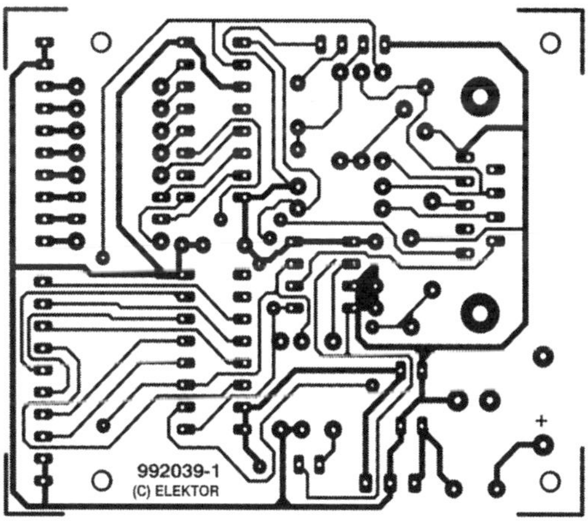

Die Stromversorgung erfolgt über ein einfaches Steckernetzteil mit 9..12V und einen 5-V-Spannungsregler auf der Platine. Eine Diode an der Netzteilbuchse sorgt für einen Verpolungsschutz.

Abbildung 14.3: Die Platine.

14.2 Acht digitale Ausgänge

Hier sollen die einzelnen Funktionen des Geräts getrennt vorgestellt und programmiert werden. Zuerst geht es um die Ausgänge. Während bisher maximal drei Ausgänge zur Verfügung standen, hat man nun gleich acht. Sie sollen hier durch einfaches Anklicken über ein Programm gesteuert werden.

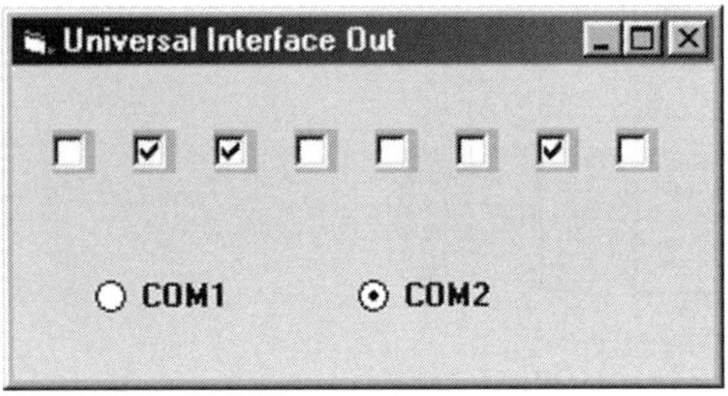

Abbildung 14.4: *Steuerung der Ausgangszustände.*

Listing 14.1 zeigt das Programm UniOUT. Die eigentliche Ausgabe erfolgt in der Prozedur IOout. Acht Datenbits werden hier nacheinander an TxD ausgegeben und mit einem Impuls an DTR in das Schieberegister übertragen. Zum Abschluss sorgt ein Impuls an RTS dafür, dass alle Datenleitungen gleichzeitig aktualisiert werden.

```
Private Sub Form_Load()
 i = OPENCOM("COM2")
 If i = 0 Then
    i = OPENCOM("COM1")
    Option1.Value = True
 End If
 If i = 0 Then MsgBox ("COM Interface Error")
 TXD 0
 RTS 0
 DTR 0
 Timer1.Interval = 100
 End Sub

Sub IOout(Dat)
  BitValue = 1
  RTS 0
  For n = 1 To 8
    If (Dat And BitValue) > 0 Then TXD 1 Else TXD 0
    DTR 1
    Delay 0.005
    DTR 0
```

```
    BitValue = BitValue * 2
  Next n
  RTS 1
  Delay 0.005
  RTS 0
End Sub

Private Sub Timer1_Timer()
  TimeInit
  Dat = 0
  Dat = Dat + Check1.Value
  Dat = Dat + Check2.Value * 2
  Dat = Dat + Check3.Value * 4
  Dat = Dat + Check4.Value * 8
  Dat = Dat + Check5.Value * 16
  Dat = Dat + Check6.Value * 32
  Dat = Dat + Check7.Value * 64
  Dat = Dat + Check8.Value * 128
  IOout Dat
End Sub
```

Listing 14.1: *Datenausgabe über das Schieberegister 4094 (UniOUT.vbp).*

14.3 Acht digitale Eingänge

Das Schieberegister 4021 auf dem Universalinterface ermöglicht das Lesen von acht digitalen Eingangszuständen. Die CMOS-Eingänge sind hochohmig, sodass sie das Messobjekt nicht belasten. Offene Eingänge zeigen meist wechselnde Pegel, weil Brummstörungen einstreuen. Das Projekt UniIn.vbp dient der Anzeige aller acht Eingangszustände.

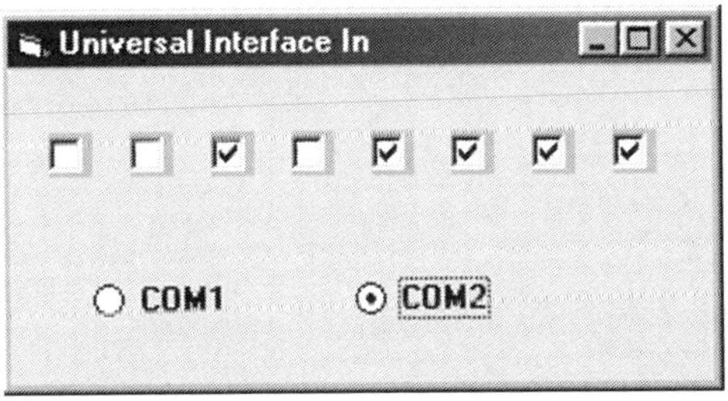

Abbildung 14.5: *Anzeige der Eingangszustände.*

Die entscheidende Prozedur IOin liest das Schieberegister aus und liefert ein Byte als Ergebnis. Vor dem Auslesen werden die Zustände aller Eingänge mit einem Impuls an RTS in das eigentliche Schieberegister übernommen, sodass Pegelwechsel während des eigentlichen Auslesevorgangs nicht mehr berücksichtigt werden. Der erste Pegel kann dann direkt an DCD gelesen werden. Mit jedem Impuls an DTR werden die Zustände im Schieberegister um eine Stelle weiter geschoben, sodass jeweils das nächste Bit gelesen werden kann.

```
Private Sub Form_Load()
 i = OPENCOM("COM2")
 If i = 0 Then
    i = OPENCOM("COM1")
    Option1.Value = True
 End If
 If i = 0 Then MsgBox ("COM Interface Error")
 TXD 0
 RTS 0
 DTR 0
 Timer1.Interval = 100
End Sub

Function IOin()
  RTS 1
  Delay 0.02
  RTS 0
  Value = 0
  BitValue = 1
  For n = 1 To 8
    If DCD = 1 Then Value = Value + BitValue
    DTR 1
    Delay 0.005
    DTR 0
    BitValue = BitValue * 2
  Next n
  IOin = Value
 End Function

Private Sub Timer1_Timer()
  TimeInit
  Dat = IOin
  Check1.Value = Dat And 1
  Check2.Value = (Dat And 2) / 2
  Check3.Value = (Dat And 4) / 4
  Check4.Value = (Dat And 8) / 8
  Check5.Value = (Dat And 16) / 16
  Check6.Value = (Dat And 32) / 32
  Check7.Value = (Dat And 64) / 64
  Check8.Value = (Dat And 128) / 128
```

Listing 14.2: Lesen der digitalen Eingänge (UniIn.vbp).

14.4 Auslesen des AD-Wandlers

Der einfache und preiswerte AD-Wandler TLC549 führt die eigentliche Wandlung in etwa 20 µs aus, während sein CS-Eingang hoch liegt. Die gewandelten Daten werden dann wie bei einem Schieberegister ausgelesen. Deshalb benötigt man nur drei Leitungen zur Ansteuerung des ICs. Das Projekt UniAD.vbp demonstriert die Ansteuerung in Visual Basic.

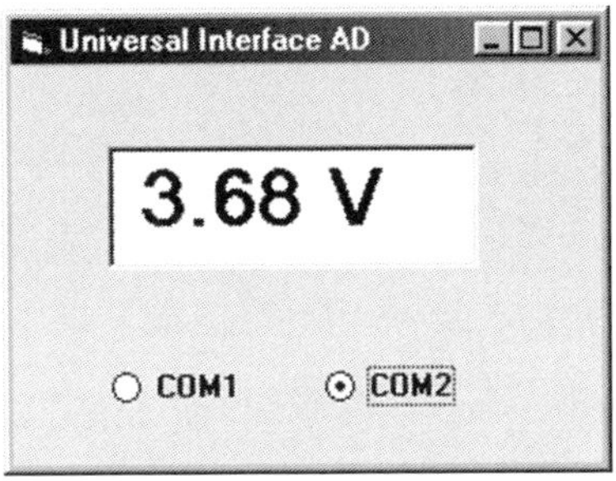

Abbildung 14.6: Anzeige einer gemessenen Spannung.

Die eigentliche Messroutine IOad liefert ein Byte als Ergebnis einer Messung. Es muss beachtet werden, dass ein neuer Messwert jeweils gesampelt wird, während der Auslesevorgang durchgeführt wird. Man erhält also immer das Byte der vorhergehenden Messung. Beim ersten Aufruf liefert der Wandler das Ergebnis Null.

Die gelesenen Messwerte sind Zahlen im Bereich 0 bis 255. Sie stehen für Eingangsspannungen zwischen 0 und +5 V. Die Referenz ist die Spannungsversorgung von +5 V. Das Messergebnis wird in Stufen von ca. 20 mV aufgelöst. Bei der Umrechnung in reale Spannungen kann man vereinfacht davon ausgehen, dass eine Stufe genau 20 mV beträgt. Der Messbereich reicht dann bis $255 \cdot 20mV = 5{,}10V$. Die Bereichsgrenze liegt eigentlich um 100 mV zu hoch. Diese Abweichung liegt jedoch im Rahmen der üblichen Toleranzen eines Spannungsreglers 7805. Deshalb wird hier die vereinfachte Umrechnung "Spannung = Messwert · 0,02 V" verwendet. Die eigentliche Messung dauert weniger als ca. 50 µs. Im Interesse der besseren Ablesung wird hier jedoch nur eine Messung pro Sekunde durchgeführt.

```
Private Sub Form_Load()
 i = OPENCOM("COM2")
 If i = 0 Then
    i = OPENCOM("COM1")
    Option1.Value = True
 End If
 If i = 0 Then MsgBox ("COM Interface Error")
 TXD 0
 RTS 0
 DTR 0
 Timer1.Interval = 1000
End Sub

Function AD()
  RTS 1
  Delay 0.02
  RTS 0
  Value = 0
  BitValue = 128
  For n = 1 To 8
    If DSR = 1 Then Value = Value + BitValue
    DTR 1
    Delay 0.005
    DTR 0
    BitValue = Int(BitValue / 2)
  Next n
  AD = Value
End Function

Private Sub Timer1_Timer()
  TimeInit
  U = AD * 0.02
  Text1.Text = Str$(U) + " V"
End Sub
```

Listing 14.3: *Lesen des AD-Wandlers (UniAD.vbp).*

14.5 Ansteuerung aller Ein- und Ausgänge

Für die Arbeit mit dem Universalinterface ist es oft sinnvoll, alle Ein- und Ausgänge in einem Programm gemeinsam zu behandeln. Das Programm UniIO.vbp zeigt alle Eingangswerte einschließlich der Frequenz und ermöglicht gleichzeitig die Steuerung der Ausgänge. Die analogen Größen Spannung und Frequenz werden digital und mit einer einfachen Balkengrafik angezeigt.

Das Programm verwendet die Prozedur IO zur Abfrage aller Eingänge und zum Setzen der Ausgänge. Beide Schieberegister und der AD-Wandler arbeiten mit einem gemeinsamen Taktsignal. Es werden globale Variablen für jeden Anschluss verwendet. Ein Aufruf von IO verarbeitet den Wert in Dout und erneuert die Eingangswerte Din, Ain und Freq. Die Frequenzmessung mit einer Torzeit von einer Sekunde wird ebenfalls in IO ausgeführt und benötigt die meiste Rechenzeit. Man kann aber überlegen, ob eine Torzeit von 100 ms und damit eine Auflösung von 10 Hz bei der Frequenzmessung ausreicht. Die gesamte Rechenzeit beträgt dann nur unwesentlich mehr als 100 ms, sodass schnellere Wechsel der Anzeigen möglich werden.

```
Dim Dout
Dim Din
Dim Ain
Dim Freq
Private Sub Form_Load()
i = OPENCOM("COM2")
If i = 0 Then
   i = OPENCOM("COM1")
   Option1.Value = True
End If
If i = 0 Then MsgBox ("COM Interface Error")
TXD 1
RTS 1
DTR 1
Timer1.Interval = 1500
End Sub

Private Sub Form_Unload(Cancel As Integer)
  CLOSECOM
End Sub

Private Sub Option1_Click()
 CLOSECOM
 i = OPENCOM("COM1")
```

```
  If i = 0 Then MsgBox ("COM1 not available")
  TXD 1
  RTS 1
  DTR 1
 End Sub

 Private Sub Option2_Click()
  CLOSECOM
  i = OPENCOM("COM2")
  If i = 0 Then MsgBox ("COM2 not available")
  TXD 1
  RTS 1
  DTR 1
 End Sub

 Sub IO()
   RTS 1
   Delay 0.02
   RTS 0
   Din = 0
   Ain = 0
   BitValue = 1
   BitValueAD = 128
   For n = 1 To 8
     If (Dout And BitValue) > 0 Then TXD 1 Else TXD 0
     If DCD = 1 Then Din = Din + BitValue
     If DSR = 1 Then Ain = Ain + BitValue
     DTR 1
     Delay 0.005
     DTR 0
     BitValue = BitValue * 2
     BitValueAD = BitValueAD \ 2
   Next n
   RealTime True
   TimeInit
   Freq = 0
   While TimeRead < 1000
     CTSNew = CTS()
     If CTSNew > CTSold Then Freq = Freq + 1
   CTSold = CTSNew
   Wend
   RealTime False
 End Sub

 Private Sub Timer1_Timer()
   Dout = 0
   Dout = Dout + Check1.Value
   Dout = Dout + Check2.Value * 2
   Dout = Dout + Check3.Value * 4
   Dout = Dout + Check4.Value * 8
   Dout = Dout + Check5.Value * 16
   Dout = Dout + Check6.Value * 32
   Dout = Dout + Check7.Value * 64
```

```
  Dout = Dout + Check8.Value * 128
  IO
  Shape1.Width = 50 + Ain * 15
  Text1.Text = Str$(Ain * 0.02) + " V"
  Shape2.Width = Freq / 1.3
  Text2.Text = Str$(Freq) + " Hz"
  Check9.Value = Din And 1
  Check10.Value = (Din And 2) \ 2
  Check11.Value = (Din And 4) \ 4
  Check12.Value = (Din And 8) \ 8
  Check13.Value = (Din And 16) \ 16
  Check14.Value = (Din And 32) \ 32
  Check15.Value = (Din And 64) \ 64
  Check16.Value = (Din And 128) \ 128
End Sub
```

Listing 14.4: *Verwendung aller Ein- und Ausgänge (UniIO.vbp).*

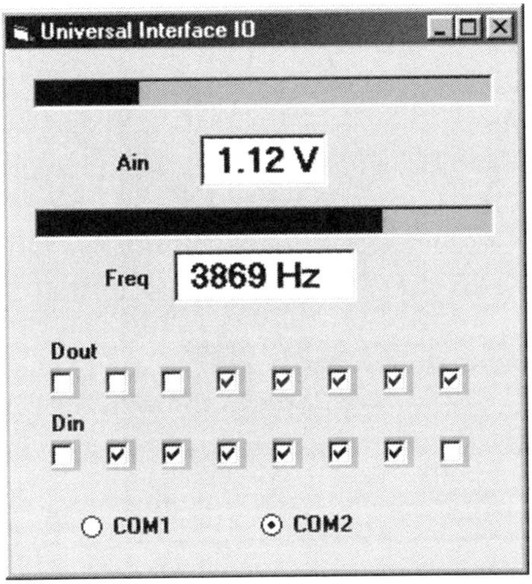

Abbildung 14.7: *Die Oberfläche des Programms UniIO.vbp.*

14.6 Ein Speicheroszilloskop

Mit etwas Aufwand lässt sich die Messgeschwindigkeit mit dem AD-Wandler TLC549 auch in Visual Basic auf 5000 Messungen pro Sekunde steigern. Das reicht bereits für ein sehr einfaches Oszilloskop. Das Projekt UniScope.vbp hat eine gewisse Ähnlichkeit mit dem digitalen Logikanalysator aus Kap. 9.1 Die analogen Messungen sind etwa zehnfach langsamer als die digitalen. Auch hier kann man in weiten Grenzen durch die gemessenen Daten scrollen und die Zeitachse nachträglich ändern.

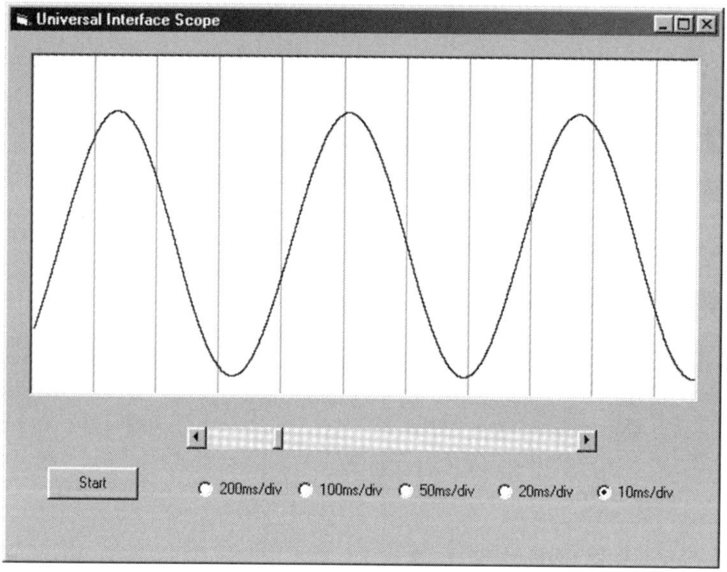

Abbildung 14.8: *Das Speicher-Oszilloskop.*

Die eigentliche Messroutine AD wurde für eine maximale Messgeschwindigkeit optimiert. Dazu wurde insbesondere auf eine Zählschleife für die einzelnen Bits verzichtet. Das Programm arbeitet nun straight-down mit eigenem Code für jedes Bit. Damit wird eine Messzeit von rund 200 µs an einem Pentium MMX-300 erreicht. Mit dem Start der Messung werden zunächst 13000 Messwerte in einem Array gespeichert. Die gesamte Messung dauert 2,6 Sekunden. Danach können die Daten mit unterschiedlichen Zeitauflösungen betrachtet werden. Der Anwender kann die Messung nach besonderen Vorgängen absuchen, indem er den dargestellten Datenbereich mit einem Schieber verstellt.

```
Dim Ch1(13000) As Integer
  Dim Sf
  Dim Sp
 Private Sub Plot()
  Picture1.Cls
    For n = 1 To 10
      Picture1.Line (n * 50, 0)-(n * 50, 260), &HFF00&
    Next n
    For n = 1 To 550
    X1 = n
    X2 = n + 1
    Y1 = 256 - Ch1(Sp + n * Sf)
    Y2 = 256 - Ch1(Sp + (n + 1) * Sf)
    Picture1.Line (X1, Y1)-(X2, Y1)
    Picture1.Line (X2, Y1)-(X2, Y2)
  Next n
End Sub

Function AD()
  RTS 1
  Delay 0.01
  RTS 0
  Value! = 0
  Value! = Value! + DSR * 128
  DTR 1
  DTR 0
  Value! = Value! + DSR * 64
  DTR 1
  DTR 0
  Value! = Value! + DSR * 32
  DTR 1
  DTR 0
  Value! = Value! + DSR * 16
  DTR 1
  DTR 0
  Value! = Value! + DSR * 8
  DTR 1
  DTR 0
  Value! = Value! + DSR * 4
  DTR 1
  DTR 0
  Value! = Value! + DSR * 2
  DTR 1
  DTR 0
  Value! = Value! + DSR
  DTR 1
  DTR 0
  AD = Value
End Function
```

```
Private Sub Command1_Click()
  RealTime (True)
  TimeInit
  Dummy = AD
  For n = 1 To 13000
    Ch1(n) = AD
    While TimeRead < (n * 0.2)
    Wend
  Next n
  RealTime (False)
  Plot
End Sub

Private Sub Form_Load()
 OPENCOM "COM2"
 DTR 0
 RTS 0
 Sf = 20
 Sp = 0
End Sub

Private Sub Form_Unload(Cancel As Integer)
  CLOSECOM
End Sub

Private Sub HScroll1_Change()
  Picture1.Cls
  Sp = HScroll1.Value
  If (Sp + 500 * Sf > 11000) Then Sp = 0
  Plot
End Sub

Private Sub Option3_Click()
  Sf = 5
  HScroll1.Max = 8000
  HScroll1.Value = 0
  Plot
End Sub

Private Sub Option4_Click()
  Sf = 2
  HScroll1.Max = 10000
  HScroll1.Value = 0
  Plot
End Sub

Private Sub Option5_Click()
  Sf = 1
  HScroll1.Max = 10000
  HScroll1.Value = 0
  Plot
End Sub
```

Listing 14.5: Das Speicheroszilloskop (UniScope.vbp).

14.7 Verwendung eines 10-Bit-Wandlers TLC1549

Der AD-Wandler TLC1549 ist Pin-kompatibel zum TLC549, bietet aber eine Auflösung von 10 Bit. Durch einfachen Austausch des Wandlers lässt sich das Universalinterface mit einer höheren Auflösung betreiben. Der Wandler liefert dann Ergebnisse zwischen 0 und 1023. Statt 20 mV können 5 mV aufgelöst werden. Das Messergebnis kann noch Unterschiede von 0,005 V anzeigen. Das Projekt UniAD10.vbp zeigt die veränderte Ansteuerung.

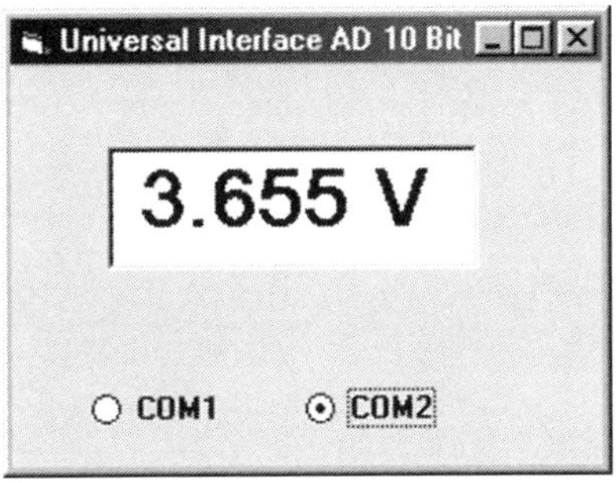

Abbildung 14.9: Anzeige mit einer Auflösung von 5 mV.

Listing 14.6 zeigt die entscheidenden Änderungen. Statt acht Impulsen an DTR werden nun zehn benötigt. Entsprechend erscheinen nacheinander zehn Bits an der Leitung DSR. Die Umrechnung in die Spannung lautet nun "Spannung = Messwert · 0,005 V".

```
Function AD()
  RTS 1
  Delay 0.02
  RTS 0
  Value = 0
  BitValue = 512
  For n = 1 To 10
    If DSR = 1 Then Value = Value + BitValue
    DTR 1
    Delay 0.005
    DTR 0
    BitValue = Int(BitValue / 2)
  Next n
  AD = Value
End Function
```

```
Private Sub Timer1_Timer()
  U = AD * 0.005
  Text1.Text = Str$(U) + " V"
End Sub
```

Listing 14.6: Die geänderten Prozeduren in UniAD10.vbp.

Anhang

Literatur

[1] B.Kainka, Basiskurs Elektronik mit dem PC, Elektor-Serie 9/2000 bis 3/2001

[2] B.Kainka, PC-Schnittstellen angewandt, Elektor-Verlag 6. Auflage 1997

[3] B.Kainka/H.-J.Berndt, PC-Schnittstellen unter Windows, Elektor-Verlag 2. Auflage 2000

[4] B.Kainka, Handbuch der analogen Elektronik, Franzis-Verlag 2000

Stichwortverzeichnis

Q

R

S

T

U

V

W

Z